iPhone
完全マニュアル
2020

iPhone Perfect Manual 2020

FaceTime

カレンダー

写真

カメラ

メール

時計

マップ

天気

メモ

リマインダー

株価

tv

iTunes Store

App Store

ブック

ヘルスケア

ホーム

Wallet

設定

standards

Section 04
iPhoneトラブル解決総まとめ

Perfect Manual 2020

ほとんどお手上げの人も
もっと使いこなしたい人も
どちらもしっかり
フォローします

SNSやメールに電話はもちろん、写真や音楽、動画にゲーム、地図にノート……と、数え上げてもキリがないほど多彩な用途に活躍するiPhone。直感的に使えるようデザインされているとは言え、基本の仕組みや操作はしっかり学んでおきたいところだ。本書は、iPhone初心者でも最短でやりたいことができるよう、要点をきっちり解説。iOSや標準アプリの操作をスピーディにマスターできる。また、iPhoneをさらに便利に快適に使うための設定ポイントや操作法、活用テクニックもボリュームを取って紹介。この1冊で、iPhoneを「使いこなす」ところまで到達できるはずだ。

iPhoneの初期設定を始めよう

初期設定の項目は あとからでも変更できる

iPhoneを購入したら、使いはじめる前に、いくつか設定を済ませる必要がある。店頭で何も設定しなかった場合や、オンラインで購入した端末は、電源を入れると初期設定画面が表示されるはずだ。この場合は、P007からの「手順1」に従って、最初から初期設定を進めよう。ショップの店頭で初期設定を一通り済ませている場合は、電源を入れるとロック画面が表示されるはずだ。この場合も、Apple ID、iCloud、パスコードやFace／Touch IDといった重要な設定がまだ済んでいないので、P010からの「手順2」に従って、「設定」アプリで設定を済ませよう。

なお、「手順1」で設定をすべてスキップしたり、設定した内容をあとから変更したい場合も、「手順2」で設定し直すことができる。

「すべてのコンテンツと設定を 消去」で最初からやり直せる

初期設定で行うほとんどの項目は、「手順2」の「設定」アプリで後からでも変更できるが、すべての設定をリセットして完全に最初からやり直したい場合は、「設定」→「一般」→「リセット」→「すべてのコンテンツと設定を消去」を実行しよう（P105で解説）。再起動後に、「手順1」の初期設定をやり直すことになる。

起動後に表示される画面で手順が異なる

まずは、iPhone右側面の電源ボタンを押して、画面を表示させよう。画面が表示さない場合は、電源ボタンを長押しすれば電源がオンになる。表示された画面が初期設定画面（「こんにちは」が表示される）であれば、P007からの「手順1」で設定。表示された画面がロック画面であれば、P010からの「手順2」で設定を進めていこう。

初期設定前に気になるポイントを確認

初期設定中にかかってきた 電話に出られる？
iPhoneをアクティベートしたあと（P007 手順4以降）であれば、かかってきた電話に応答できる。着信履歴も残る。（※docomo版で確認。au／SoftBank版では動作が異なる場合があります。）

電波状況が悪いけど大丈夫？
iPhoneのアクティベートには、Wi-Fiまたはモバイルデータでの通信が必要になる。電波がつながらない時は、パソコンのiTunesと接続してアクティベートすることもできるが、SIMカードが挿入されていないと、iTunesでもアクティベートできない。

Wi-Fiの設置は必須？
初期設定はなくてもモバイルデータ通信で進めていけるが、Wi-Fiに接続しないとiCloudバックアップから復元できない。またWi-Fiがないと、iOSをアップデートできないし、数百MBを超えるサイズのアプリも多いので、用意した方がよい。

バッテリーが残り少ないけど大丈夫？
初期設定の途中で電源が切れるとまた最初から設定し直すことになるので、バッテリー残量が少ないなら、充電ケーブルを接続しながら操作したほうが安心だ。

手順 *1* 初期設定メニューに沿って設定する

1 使用する言語と国を設定する

「こんにちは」画面を下から上にスワイプする（ホームボタンのある機種はホームボタンを押す）と、初期設定開始。まず言語の選択画面で「日本語」を、続けて国または地域の選択画面が表示されるので「日本」をタップする。

2 クイックスタートをスキップ

「クイックスタート」は、近くにあるiOS端末の各種設定を引き継いで、自動でセットアップしてくれる機能。乗り換え前の機種がiPhoneならこの機能を利用しよう。ここでは「手動で設定」をタップしてスキップ。

○ POINT

クイックスタートで自動セットアップする

iPhoneでクイックスタート画面が表示されたら、以前のiPhoneやiPadなど、設定を移行したいiOS端末を近づけよう。「新しいiPhoneを設定」画面が表示されるので、「続ける」をタップする。

セットアップ中の新しいiPhoneに青い模様のイメージ画像が表示されるので、この画像を引き継ぎ元の端末のカメラでスキャン。あとはパスコードを入力し、残りの設定を進めていけば各種設定を移行できる。

次ページに

3 文字入力や音声入力を設定する

iPhoneで使用するキーボードや音声入力の種類を設定する。標準のままでよければ「続ける」をタップ、他のものを使いたいなら、「設定をカスタマイズ」をタップして変更しよう。

4 Wi-Fiに接続してアクティベート

Wi-Fiを設置済みなら自宅や職場のSSIDをタップして接続、Wi-Fiがない場合は「モバイルデータ通信回線を使用」をタップしよう。iPhoneのアクティベートが行われる。続けて「データとプライバシー」画面で「続ける」をタップ。

5 Face IDまたはTouch IDを登録する

画面ロックの解除やストアでの購入処理などを、顔認証で行えるFace ID（ホームボタンのない機種）、または指紋認証で行えるTouch ID（ホームボタンのある機種）の設定を行う。画面の指示に従って、顔や指紋を登録していこう。

6 パスコードを設定する

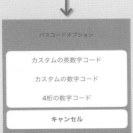

続けてiPhoneのロック解除やデータ保護に利用する、パスコードを設定する。標準では6桁の数字で設定するが、「パスコードオプション」をタップすれば、自由な桁数の英数字、自由な桁数の数字、より簡易な4桁の数字でも設定できる。

7

新しいiPhone として設定する

初めてiPhoneを利用する場合は、「Appとデータを転送しない」をタップしよう。以前使っていたiPhoneやAndroidスマートフォンから、機種変更で乗り換える場合は、この画面でバックアップから復元／データを移行することができる。

iCloudバックアップから復元

iCloudバックアップ（P026で解説）から復元するには、「iCloudバックアップから復元」をタップ。復元にはWi-Fi接続が必須となる。Apple IDを入力してサインインし、復元するバックアップデータを選択して復元を進めよう。

MacまたはPCから復元

パソコンでバックアップしたデータから復元する場合は、「MacまたはPCから復元」をタップ。「コンピュータに接続」画面になったら、パソコンと接続して、iTunes（Macでは「Finder」）でバックアップファイルを選択、復元を開始する。

Androidからデータを移行

Androidスマートフォンにあらかじめ「Move to iOS」アプリをインストールしておき、「Androidからデータを移行」→「続ける」をタップ。表示されたコードをAndroid側で入力すれば、Googleアカウントなどのデータを移行できる。

8

Apple IDを 新規作成する

Apple IDを新規作成するには、「パスワードをお忘れかApple IDをお持ちでない場合」→「無料のApple IDを作成」をタップする。なお、「"設定"で後で設定」をタップすれば、Apple IDの作成をスキップできる。

すでにApple IDがあるなら、ここでサインインしておこう。新しいApple IDを作成してこのiPhoneに関連付けてしまうと、後で既存のApple IDに変更しても、90日間は購入済みの音楽やアプリを再ダウンロードできなくなってしまう。

9

生年月日と名前を 入力する

生年月日と名前を入力する。生年月日は、特定の機能を有効にしたり、パスワードをリセットする際などに利用されることがあるので、正確に入力しておこう。

10

Apple IDにする アドレスを設定

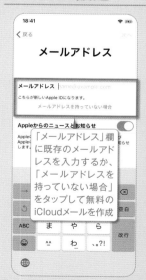

普段使っているメールアドレスをApple IDとして利用したい場合は、「メールアドレス」欄に入力すればよい。または、「メールアドレスを持っていない場合」をタップし、iCloudメール（@icloud.com）を新規作成してApple IDにすることもできる。

11

メールアドレスと
パスワードを入力

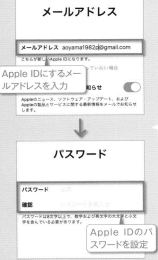

Apple IDにするメールアドレスを入力して「次へ」をタップ、Apple IDのパスワードを設定する。パスワードは、数字／英文字の大文字と小文字を含んだ、8文字以上で設定する必要がある。

◯ POINT

Apple IDのメール
アドレスを確認する

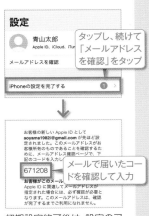

初期設定終了後は、設定のアカウント欄にある「メールアドレスを確認」→「メールアドレスを確認」をタップ。Apple IDとして登録したアドレス宛てにコードが届くので、コードを入力して認証を済ませよう。これでApple IDが有効になり、iCloudやApp Storeを利用可能になる。

12

2ファクタ認証を
設定する

「電話番号」画面で「続ける」をタップすると、このiPhoneの電話番号で2ファクタ認証が設定される。他のデバイスでApple IDにサインインする際は、この電話番号にSMSで届く確認コードの入力が必要になる。続けて利用規約に同意。

13

位置情報や
Siriを設定する

「エクスプレス設定」で「続ける」をタップすると、位置情報サービスなどいくつかの設定が自動で有効になる。続けて、話しかけるだけで各種操作や検索を行える機能「Siri」の設定になるので、「続ける」で音声を登録しておこう。

14

スクリーンタイムと
その他の機能

スクリーンタイムは、画面を見ている時間についての詳しいレポートを表示してくれる機能。「続ける」をタップして有効にしておこう。その他、iCloud解析やApp解析に協力するかを選択し、True Toneディスプレイも有効に。

15

外観モードを
選択する

外観モードを、画面の明るい「ライト」か、黒を基調にした「ダーク」から選択し、「続ける」をタップ。あとから、夜間だけ自動的に「ダーク」に切り替わるよう設定しておける。(P036で解説)

16

操作のヒントに
ついて確認する

最後に、ホーム画面への移動方法や、最近使用したアプリに切り替える方法、コントロールセンターの開き方など、iPhoneの基本的な操作方法が解説される。「続ける」をタップしていこう。

17

初期設定を
終了する

完了!

以上で初期設定はすべて終了。画面を上にスワイプ、または「さあ、はじめよう!」をタップすれば、ホーム画面が表示される。初期設定中にスキップした項目は、P010から解説している通り、「設定」アプリであとから設定できる。

手順 2 各項目を個別に設定する

1 ロックを解除して「設定」アプリを起動

店頭で最低限の初期設定を済ませていれば、電源を入れるとロック画面が表示される。パスコードを設定済みの場合はロックを解除し、ホーム画面が表示されたら、「設定」アプリをタップして起動しよう。

2 使用するキーボードを選択する

「一般」→「キーボード」→「キーボード」をタップすると、現在利用できるキーボードの種類を確認できるほか、「新しいキーボードを追加」で他のキーボードを追加できる。キーボードの種類や入力方法については、P030から解説している。

3 Wi-Fiに接続する

「Wi-Fi」をタップして、「Wi-Fi」のスイッチをオンにする。自宅や職場のSSIDを選択し、接続パスワードを入力して「接続」をタップすれば、Wi-Fiに接続できる。

4 位置情報サービスをオンにする

「プライバシー」→「位置情報サービス」をタップし、「位置情報サービス」のスイッチをオンにすれば、マップなどで利用する位置情報が有効になる。この画面で、アプリごとに位置情報を使うかどうかを切り替えることもできる。

5 Face IDまたはTouch IDを設定する

ホームボタンのない機種の場合は「Face IDとパスコード」→「Face IDをセットアップ」をタップ。枠内に顔を合わせ、円を描くように顔を動かす操作を2回繰り返せば顔が登録され、顔認証の利用が可能になる。

○ POINT

Face／Touch IDで認証する機能の選択

顔認証／指紋認証を使用したい項目をそれぞれオンにしておく

Face IDやTouch IDの設定を済ませておけば、iPhoneのロック解除、iTunes／App Storeの決済、Apple Payの決済、パスワードの自動入力に、顔認証や指紋認証を利用できるようになる。「FACE（TOUCH）IDを使用」欄で、利用したい機能のスイッチをそれぞれオンにしておこう。

6 パスコードを変更する

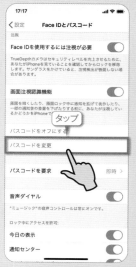

ホームボタンのある機種の場合は「Touch IDとパスコード」→「指紋を追加」をタップ。画面の指示に従ってホームボタンを何度かタッチすれば指紋が登録され、指紋認証の利用が可能になる。指紋は複数の指で登録可能だ。

パスコードを未設定の場合は、「Face（Touch）IDとパスコード」→「パスコードをオンにする」で設定できる。設定済みのパスコードは、「パスコードを変更」をタップすれば他のパスコードに変更できる。

7

Apple IDを新規作成する

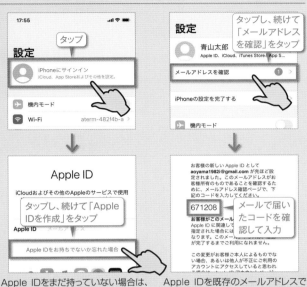

Apple IDをまだ持っていない場合は、設定の上部にある「iPhoneにサインイン」をタップし、「Apple IDをお持ちでないか忘れた場合」→「Apple IDを作成」をタップ。あとは、P008の手順9から従って作成しよう。

Apple IDを既存のメールアドレスで登録した場合は、アカウント欄の「メールアドレスを確認」→「メールアドレスを確認」をタップすると、そのアドレス宛てにコードが届く。コードを入力して認証を済ませよう。

8

iCloudで同期する項目を変更する

Apple IDでサインインを済ませたら、設定上部に表示されるアカウント名をタップし、「iCloud」をタップ。iCloudで同期したい各項目をオンにしておこう。iCloudでできることは、P026を参照。

9

iTunes／App Storeにサインインする

設定の「iTunes StoreとApp Store」を開いて「サインイン」をタップし、Apple IDでサインイン。新規Apple IDの場合は「レビュー」をタップしてアカウント設定を済ませると、曲やアプリを購入可能になる。

10

Siriを設定する

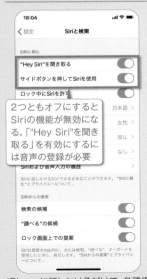

iPhoneに話しかけるだけで、各種操作や検索を行える機能「Siri」を利用するには、「Siriと検索」の「"Hey Siri"を聞き取る」「サイド（ホーム）ボタンを押してSiriを使用」のどちらかをオンにすればよい。

○ POINT

各種バックアップから復元・移行する

iTunesバックアップから復元

パソコンでバックアップしたデータから復元するには、iPhoneをパソコンに接続してiTunes（Macでは「Finder」）を起動すればよい。新しいiPhoneとして認識されるので、「このバックアップから復元」にチェックして、復元するデータを選択する。

iCloudバックアップから復元／Androidからデータを移行

iCloudバックアップから復元する、またはAndroidスマートフォンからデータを移行したい場合は、まず「設定」→「一般」→「リセット」→「すべてのコンテンツと設定を消去」で、一度端末を初期化する。

P007からの「手順1」に従って初期設定を進めていき、「Appとデータ」画面になったら、「iCloudバックアップから復元」で復元、または「Androidからデータを移行」でデータを移行する。

使い始める前にチェック

iPhoneの気になる疑問 Q&A

iPhoneを使いはじめる前に、必要なものは何か、ない場合はどうなるか、まずは気になる疑問を解消しておこう。

Q1 パソコンやiTunesは必須?

A なくても問題ないが一部操作に必要

バックアップや音楽CD取り込みに使う

パソコン用のメディアプレイヤー兼iPhone／iPad管理ソフト「iTunes」がなくても、iPhoneは問題なく利用できる。ただし、音楽CDを取り込んでiPhoneに転送したり（P074で解説）、パソコン内のデータをiPhoneに転送するといった操作には、iTunesが必要となる。また、iTunesでバックアップを作成（P105で解説）しておけば、iCloudではバックアップしきれない端末内のファイルなども含めて復元できるようになるほか、「リカ バリーモード」で端末を強制的に初期化する際にも、iTunesとの接続が必要だ。

端末内に保存された写真やビデオ、音楽ファイルなども含めたバックアップを作成する場合など、一部の操作にiTunesが必要となる

Q2 クレジットカードは必須?

A なくてもApp Storeなどを利用できる

ギフトカードやキャリア決済でもOK

Apple IDで支払情報を「なし」に設定しておけば、クレジットカードを登録しなくても、App Storeなどから無料アプリをインストールできる。クレジットカードなしで有料アプリを購入したい場合は、コンビニなどでApp Store & iTunesギフトカードを購入し、App Storeアプリの「Today」画面などを下までスクロール。「コードを使う」をタップしてiTunesカード背面の数字を入力し、金額をチャージすればよい。クレジット カードを登録済みの場合でも、iTunesカードの残高から優先して支払いが行われる。毎月の通信料と合算して支払う、キャリア決済も利用可能。

App Store & iTunesギフトカードは、コンビニなどで1,500円、3,000円、5,000円、10,000円から選んで購入する

Q3 iPhoneで格安SIMは使える?

A SIMロックを解除すれば使える

端末購入日から101日以上経過後に解除可能

ドコモ、au、ソフトバンクで購入したiPhoneには、他社のSIMカードを挿入しても使えないよう「SIMロック」という制限がかけられているが、2015年5月以降に発売された機種は、すべてSIMロックを解除できる。SIMロックを解除すれば、iPhoneに格安SIMを挿入して利用することが可能だ。ただし購入から101日以上経過（一括払いなど条件によっては即日）しないとSIMロックを解除できない。また

SIMロックの解除条件と手続きは、各キャリアのサポートページで確認しよう

SIMロックの解除を店頭で行うと、3,000円の手数料がかかってしまう。オンラインでSIMロック解除の手続きを行えば無料だ。

Q4 Wi-Fiは必須?

A iOSアップデートなどに必須

モバイル通信だと一部機能が制限される

モバイルデータ通信だとiPhone単体でiOSをアップデートできない。また、アプリによっては数百MBをダウンロードする必要があるし、YouTubeなどで動画を再生するとあっというまに通信量を消費してしまうので、iPhoneを使う上で、Wi-Fiの設置はほぼ必須と言っていい。iPhone 6以降は高速無線LAN規格「IEEE802.11ac」に対応しているので、新たにWi-Fiルータを購入するなら、11ac対応の製品を選ぼう。

サイズが大きいアプリをモバイル通信でダウンロードする時は、警告を表示するように、「設定」→「iTunes StoreとApp Store」→「Appダウンロード」で、「200MB以上のときは確認」にチェックしておこう

Q5 iPadで買ったアプリは使える?

A ユニバーサルアプリなら使える

iPad専用アプリはインストール不可

購入時と同じApple IDでサインインしていれば、一度購入した有料アプリは無料で再インストールできる。購入済みのアプリは、購入ボタンが雲型のiCloudボタンに変わっているはずだ。ただしiPhoneにインストールできるiPadアプリは、iPhone／iPad両対応のユニバーサルアプリのみ。iPad専用アプリだと、iPhoneのApp Storeアプリで検索しても表示されない。

購入済みのiPhone／iPad両対応アプリなら、購入ボタンがiCloudボタンに代わり、無料でインストールできる

Section 01
iPhoneスタートガイド

iPhoneを手にしたらまずは覚えたいボタンや
タッチパネルの操作、画面の見方、
文字の入力方法など、基本中の基本を総まとめ。

本体のボタンや スイッチの操作法

iPhoneの操作は、マルチタッチディスプレイに加え、本体側面の電源／スリープボタン、音量ボタン、サウンドオン／オフスイッチ、iPhone 8以前に備わるホームボタンで行う。まずは、それぞれの役割と基本的な操作法を覚えておこう。

ボタンとスイッチの重要な機能

iPhoneのほとんどの操作は、ディスプレイに指で触れて行うが、本体の基本的な動作に関わる操作は、ハードウェアのボタンやスイッチで行うことになる。電源／スリープボタンは、電源のオン／オフを行うと共に、画面を消灯しiPhoneを休息状態に移行させる「スリープ」機能のオン／オフにも利用する。電源とスリープが、それぞれどのような状態になるかも確認し

ておこう。なお、電源やスリープに関しては、iPhone X以降とそれより前の機種で操作法や設定が異なるので注意しよう。また、iPhone 8以前のモデルに備わるホームボタンは、「ホーム画面」（P020で解説）という基本画面に戻るためのボタンで、スリープ解除にも利用できる。さらに、サウンドをコントロールする音量ボタンとサウンドオン／オフスイッチも備わっている。それぞれ使用した際に、どの種類の音がコントロールされるのか、きちんと把握しておきたい。

11をはじめ、iPhone X以降に備わるボタンとスイッチ

サウンドオン／オフスイッチ
電話やメールなどの着信音、通知音を消音したいときに利用する。なお、音量ボタンで音量を一番下まで下げても消音にはならない。

音量ボタン
再生中の音楽や動画の音量を調整するボタン。設定により、着信音や通知音の音量もコントロールできるようになる（P017で解説）。

マルチタッチディスプレイ
iPhoneのほとんどの操作は、画面をタッチして行う。タッチ操作の詳細は、P018以降で詳しく解説している。

Lightningコネクタ
本体下部中央のLightningコネクタ。本体に付属し、充電やデータ転送に利用するLightning - USBケーブルや、同じく付属のイヤホン「EarPods」を接続できる。

電源／スリープボタン
電源のオン／オフやスリープ／スリープ解除を行うボタン。詳しい操作法はP016で解説。なお、本書ではこのボタンの名称を「電源ボタン」と記載することもある。また、設定メニューなどでは「サイドボタン」と呼ばれることもある。

◯ POINT

画面の黄色味が気になる場合は

iPhone X以降を使っていて、黄色っぽい画面の色が気になる場合は、「True Tone」機能をオフにしよう。周辺の環境光を感知し、ディスプレイの色や彩度を自動調整する機能だが、画面が黄色くなる傾向がある。なお、iPhone 8以前のモデルにTrue Toneは搭載されていない。

「設定」→「画面表示と明るさ」の「True Tone」をオフにする

ロック画面を理解する

iPhoneの電源をオンにした際や、スリープを解除した際にまず表示される「ロック画面」。パスコードやFace ID（顔認証）、Touch ID（指紋認証）でロックを施せば（P029で解説）、他人がここから先の操作を行うことはできない。なお、ロック画面ではなく初期設定画面が表示される場合は、指示に従って設定を済ませよう（P006で解説）。

iPhone X以降のロック画面

画面下部から上へスワイプし、Face ID（顔認証）やパスコードでロックを解除する

iPhone 8以前のロック画面

ホームボタンを押して、Touch ID（指紋認証）やパスコードでロックを解除する

iPhone 8以前のモデルに備わるボタンとスイッチ

サウンドオン／オフスイッチ
電話やメールなどの着信音、通知音を消去したいときに利用する。なお、音量ボタンで音量を一番下まで下げても消音にはならない。

音量ボタン
再生中の音楽や動画の音量を調整するボタン。設定（P017で解説）により、着信音や通知音の音量もコントロールできるようになる。

マルチタッチディスプレイ
iPhoneのほとんどの操作は、画面をタッチして行う。タッチ操作の詳細は、P018以降で詳しく解説している。

Lightningコネクタ
本体下部中央のLightningコネクタ。本体に付属し、充電やデータ転送に利用するLightning - USBケーブルや、同じく付属のイヤホン「EarPods」を接続できる。

電源／スリープボタン
電源のオン／オフやスリープ／スリープ解除を行うボタン。詳しい操作法はP016で解説。なお、本書ではこのボタンの名称を「電源ボタン」と記載することもある。また、設定メニューなどでは「サイドボタン」と呼ばれることもある。

ホームボタン／Touch IDセンサー
操作のスタート地点となる「ホーム画面」（P020で解説）をいつでも表示できるボタン。指紋認証センサーが内蔵されており、ロック解除などの認証に利用できる。

※iPhone 6s（6s Plus）以前のモデルおよびiPhone SEには、3.5mmヘッドフォンジャックも備わっており、市販のイヤホンやヘッドホンを接続できる。なお、3.5mmヘッドフォンジャック搭載モデルでも、Lightning接続のEarPodsを利用可能だ。

ボタンやスイッチの操作法

iPhone 11をはじめ、iPhone X以降の電源／スリープ操作

> ### iPhone X以降をスリープ／スリープ解除する

スリープ解除後、ロック画面が表示されたら、画面の一番下から上方向へスワイプしてロックを解除。後述の通り、画面タップや本体を傾けるだけでスリープ解除することも可能

画面が表示されている状態で電源／スリープボタンを押すと、画面が消灯しスリープ状態になる。消灯時に押すとスリープが解除され、タッチパネル操作を行えるようになる。

> ### iPhone X以降の電源をオン／オフする

電源オン時に電源／スリープボタンと音量のどちらかのボタンを同時に1～2秒長押しすると、このような画面が表示される。上の「スライドで電源オフ」を右へスライドすると電源をオフにできる

消灯時に電源ボタンを押しても画面が表示されない時は、電源がオフになっている。電源／スリープボタンを2～3秒長押ししてアップルマークが表示されたら、電源がオンになる。電源オフは上記の操作を行おう。

> ### 画面をタップしてスリープ解除

スイッチをオンにする

「設定」の「アクセシビリティ」→「タッチ」→「タップしてスリープ解除」をオンにしておけば、画面をタップするだけでスリープを解除できる。ホームボタンのないiPhone X以降を卓上でスリープ解除する際に便利だ。

● POINT

スリープと電源オフの違いを理解する

電源をオフにすると通信もオフになりバックグラウンドでの動作もなくなるため、バッテリーの消費はほとんどなくなるが、電話の着信やメールの受信をはじめとするすべての機能が無効となる。Apple PayのSuicaも利用できないので注意しよう。一方スリープは、画面を消灯しただけの状態で、電話の着信やメールの受信をはじめとする通信機能や音楽の再生など、多くのアプリのバックグラウンドでの動作は継続され、データ通信量やバッテリーも消費される。電源オフとは異なりすぐに操作を再開できるので、特別な理由がない限り、通常は使わない時もスリープにしておこう。状況に応じて、消音モードや機内モード（P037で解説）で、サウンドや通信のみ無効にすることもできる。

> ### 手前に傾けてスリープを解除

「設定」→「画面表示と明るさ」にある「手前に傾けてスリープ解除」のスイッチをオフに

iPhoneには、本体を手前に傾けるだけでスリープを解除できる。必要のない時でもスリープが解除されることがあるので、わずらわしい場合は機能をオフにしておこう。

> ### ボタン長押しでSiriを起動する

この画面になったら、「今日の天気は？」などと話しかけよう

「Siri」は、音声でさまざまな情報検索や操作を行える機能（P035およびP092で解説）。iPhone X以降は電源／スリープボタン、それ以外の機種はホームボタンを長押しすることで起動できる。

iPhone 8以前のモデルの電源／スリープ操作

＞ iPhoneをスリープ／スリープ解除する

Touch ID（指紋認証）を設定していれば、ホームボタンを押してスリープ解除と同時にロック解除を行える。左ページの通り、本体を傾けるだけでスリープ解除することも可能

画面が表示されている状態で電源／スリープボタンを押すと、画面が消灯しスリープ状態になる。スリープ解除は、電源／スリープボタンでもよいが、ホームボタンを押せばそのままロック解除も行えるのでスムーズだ

＞ iPhoneの電源をオン／オフする

電源オン時に電源／スリープボタンを1〜2秒長押しすると、このような画面が表示される。この部分を右へスライドすると電源をオフにできる

消灯時に電源ボタンを押しても画面が表示されない時は、電源がオフになっている。電源／スリープボタンを2〜3秒長押ししてアップルマークが表示されたら、電源がオンになる。画面表示時に長押しするとオフにできる。

＞ 指を当ててロックを解除

スイッチをオンにする

「設定」の「一般」→「アクセシビリティ」→「ホームボタン」で「指を当てて開く」をオンにしておけば、ロック画面でホームボタンを押し込まなくても、指を当てるだけでロック解除が可能になる。

＞ 音量ボタンでサウンドを操作する

ボタンを操作すると、画面左端に音量が表示される

本体左側面にある音量ボタンで、音楽や動画の音量をコントロールできる。また、通話中（電話だけではなくFaceTimeやLINEなども）は、通話音量もコントロールできる。

＞ 音量ボタンで通知音や着信音を操作する

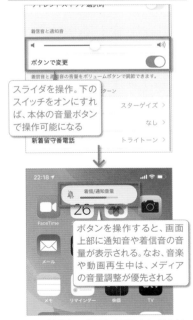

スライダを操作。下のスイッチをオンにすれば、本体の音量ボタンで操作可能になる

ボタンを操作すると、画面上部に通知音や着信音の音量が表示される。なお、音楽や動画再生中は、メディアの音量調整が優先される

通知音や着信音の音量を変更したい場合は、「設定」→「サウンドと触覚」でスライダを操作しよう。本体の音量ボタンで操作できるようにしたい場合は、スライダ下の「ボタンで変更」スイッチをオンにする必要がある。

＞ 消音モードを有効にする

側面スイッチで消音モードに。Apple製以外のアプリのサウンドが消音になるかどうかは、アプリごとに異なるので確認しておこう

着信音や通知音を消すには、本体左側面のサウンドオン／オフスイッチをオレンジの表示側にする。音量ボタンや設定のスライダでは、消音にすることはできない。なお、消音モードでも、アラームや音楽は消音にならないので注意しよう。

タッチパネルの操作方法をしっかり覚えよう

前ページで解説した電源や音量、ホームボタン、サウンドオン／オフスイッチ以外のすべての操作は、タッチパネル（画面）に指で触れて行う。ただタッチするだけではなく、画面をなぞったり2本指を使うことで、さまざまな操作を行うことが可能だ。

▍操作名もきっちり覚えておこう

電話のダイヤル操作やアプリの起動、文字の入力、設定のオン／オフなど、iPhoneのほとんどの操作はタッチパネル（画面）で行う。最もよく使う、画面を指先で1度タッチする操作を「タップ」と呼ぶ。タッチした状態で画面をなぞる「スワイプ」、画面をタッチした2本指を開いたり閉じたりする「ピンチアウト／ピンチイン」など、ここで紹介する操作を覚えておけば、どんなアプリでも対応可能だ。iPhone以外のスマートフォンやタブレットを使ったことのあるユーザーなら、まったく同じ動作で操作できるので迷うことはないはずだ。本書では、ここで紹介する「タップ」や「スワイプ」といった操作名を頻繁に使って手順を解説しているので、必ず覚えておこう。

SECTION

01

iPhone
スタート
ガイド

必ず覚えておきたい9つのタッチ操作

タッチ操作❶
タップ

ホーム画面でアイコンを1回軽くタッチするとアプリが起動する

トンッと軽くタッチ

画面を1本指で軽くタッチする操作。ホーム画面でアプリを起動したり、画面上のボタンやメニューの選択、キーボードでの文字入力などを行う、基本中の基本操作法。

タッチ操作❷
ロングタップ

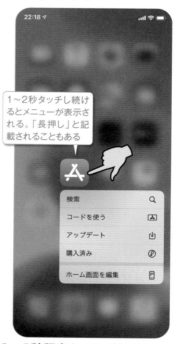

1〜2秒タッチし続けるとメニューが表示される。「長押し」と記載されることもある

検索 🔍
コードを使う 🅰
アップデート ⬆
購入済み ⓟ
ホーム画面を編集 📱

1〜2秒程度タッチし続ける

画面を1〜2秒間タッチし続ける操作。ホーム画面でアプリをロングタップするとメニューが表示される他、Safariのリンクやメールをロングタップすると、プレビューで内容を確認できる。

タッチ操作❸
スワイプ

マップアプリでは、画面をスワイプした方向へ表示エリアが移動する

🔍 場所または住所を検索します

画面を指でなぞる

画面をさまざまな方向へ「なぞる」操作。ホーム画面を左右にスワイプしてページを切り替えたり、マップの表示エリアを移動する際など、頻繁に使用する操作法。

◯ POINT
ロングタップの注意点

ホーム画面でアプリをロングタップした際、ボタンを押したようなクリック感と共にメニューが表示される。これは「触覚タッチ」という機能で、一部の機種に搭載されている。また、別の一部機種では「3D Touch」という機能が備わっており、画面を押し込むことによってメニューを表示する。どちらも動作自体はロングタップなので、本書では特に区別なく、すべて「ロングタップ」で表記を統一している。

タッチ操作④
フリック

タッチしてはじく
画面をタッチしてそのまま「はじく」操作。「スワイプ」とは異なり、はじく強さの加減よって、勢いを付けた画面操作が可能。ゲームでもよく使用する操作法だ。

タッチ操作⑤
ドラッグ

ホーム画面を編集モードにして、アプリをロングタップしたまま指を動かすと位置を変更できる

押さえたまま動かす
画面上のアイコンなどを押さえたまま、指を離さず動かす操作。ホーム画面を編集モードにした上で（P022で解説）アプリをロングタップし、そのまま動かせば、位置を変更可能。文章の選択にも使用する。

タッチ操作⑥
ピンチアウト／ピンチイン

マップや写真、Safariなどで、指を広げると拡大表示、狭めると縮小表示できる

2本指を広げる／狭める
画面を2本の指（基本的には人差し指と親指）でタッチし、指の間を広げたり（ピンチアウト）狭めたり（ピンチイン）する操作法。主に画面表示の拡大／縮小で使用する。

タッチ操作⑦
ダブルタップ

マップや写真、Safariで画面を軽く2回連続タップすると画面を拡大（縮小）できる

軽く2回連続タッチ
タップを2回連続して行う操作。素早く行わないと、通常の「タップ」と認識されることがあるので要注意。画面の拡大や縮小表示に利用する以外は、あまり使わない操作だ。

タッチ操作⑧
2本指の操作❶

マップを2本指でタッチし、ひねって回転させると、表示を回転できる

スワイプや画面を回転
マップを2本指でタッチし回転させて表示角度を変えたり、2本指でタッチし上下へスワイプして立体的に表示することが可能。アプリによって2本指操作が使える場合がある。

タッチ操作⑨
2本指の操作❷

2本指でスワイプして複数のメールを選択

複数アイテムをスワイプ
標準のメールアプリやファイルアプリなどでは、2本指のスワイプで複数のアイテムを素早く選択することができる。選択状態で再度スワイプすると、選択を解除できる。

タッチパネルの操作方法をしっかり覚えよう

ホーム画面の仕組みと さまざまな操作方法

iPhoneの電源をオンにし、画面ロックを解除するとまず表示されるのが「ホーム画面」だ。ホーム画面には、インストールされている全アプリのアイコンが並んでいる。また、各種情報の表示や、さまざまなツールを引き出して利用可能だ。

ホーム画面は複数のページで構成される

ホーム画面は、インストール中のアプリが配置され、必要に応じてタップして起動する基本画面。横4列×縦6段で最大24個（後述の「ドック」を含めると最大28個。なお、iPhone SEは1段少ない）のアプリやフォルダを配置でき、画面を左右にスワイプすれば、複数のページを切り替えて利用できる。その他にもさまざまな機能を持っており、画面上部の「ステータスバー」では、現在時刻をはじめ、電波状況やバッテリー残量、有効になっている機能などを確認できる。さらに特定のスワイプ方法で表示、利用できる「コントロールセンター」や「通知センター」、「ウィジェット」といったツール（P024で詳しく解説）をしっかり理解し、操作法をマスターすれば、iPhoneをより便利に快適に使いこなせるはずだ。

ここでは、ホーム画面の仕組みと配置されているアプリの管理、操作法を中心に使い方をまとめて解説する。

ホーム画面の基本構成

ステータスバーで各種情報を確認
画面上部のエリアを「ステータスバー」と呼び、時刻や電波状況に加え、Wi-FiやBluetoothなどの有効な機能がステータスアイコンとして表示される。iPhone X以降のモデルは中央にノッチ（切り欠き）があるため、全てのステータスアイコンを確認するには、画面右上から下へスワイプしてコントロールセンター（P024で解説）を表示する必要がある。主なステータスアイコンは、P023で解説している。

いつでもすぐにホーム画面を表示

iPhone X以降のモデル

上へスワイプ

iPhone 11／11 Pro／11 Pro Max／XS／XS Max／XR／Xでは、画面の下端から上方向へスワイプすると、どんなアプリを使用中でもホーム画面へ戻ることができる。ホーム画面のページを切り替えている際も、素早く1ページ目を表示可能。

iPhone 8以前のモデル

ホームボタンを押す

iPhone 8以前の機種では、ホームボタンを押せばホーム画面へ戻ることができる。

複数のページを切り替えて利用
ホーム画面は、複数のページをスワイプで切り替えて利用できる。ジャンルごとにアプリを振り分けたり、よく使うアプリを1ページ目にまとめるなど、使いやすいよう工夫しよう。

よく使うアプリをドックに配置
画面下部にある「ドック」は、ホーム画面をスワイプしてページを切り替えても、固定されたまま表示されるエリア。「電話」や「Safari」など4つのアプリが登録されているが、他のアプリやフォルダに変更可能だ。

○ POINT

**「設定」もアプリとして
ホーム画面に配置**

ホーム画面にあらかじめ配置されている「設定」をタップすると、通信、画面、サウンドをはじめとするさまざまな設定項目を確認、変更することができる。

設定

アプリの起動や終了方法

1 利用したいアプリの アイコンをタップする

タップしてアプリを起動する

ホーム画面のアプリをタップ。起動してすぐに利用できる。手始めにWebサイトを閲覧するブラウザ「Safari」を起動してみよう。アプリは「App Store」からインストールすることもできる（P062で解説）。

2 即座にアプリが起動し さまざまな機能を利用可能

Safariが起動。検索フィールドにURLやキーワードを入力しよう

即座にアプリが起動して、さまざまな機能を利用できる。Safariなら検索フィールドにキーワードを入力してGoogle検索を行うか、直接URLを入力してWebサイトへアクセス可能（文字入力の方法はP030で解説）。

3 使用中のアプリを 終了する

iPhone X以降の機種の場合は、画面下端から上へスワイプ。それ以外の機種はホームボタンを押して、アプリを終了する。ホーム画面に戻っても、例えば書きかけのメールが消えてしまうといったことはない

使用中のアプリを終了するには、左ページで解説した各操作法でホーム画面に戻るだけでよい。多くのアプリは、再度起動すると、終了した時点の画面が表示され、操作を再開できる。

4 バックグラウンドで 動作し続けるアプリ

December 13
角銅真実

「ミュージック」で音楽を再生中にホーム画面に戻っても、そのまま再生が継続される

「ミュージック」アプリなど、動作中にホーム画面に戻っても、その動作が引き続き継続されるアプリもあるので注意しよう。電話アプリも、通話中にホーム画面に戻ってもそのまま通話が継続される。

5 Appスイッチャーで 素早くアプリを切り替える

iPhone X以降のモデル

左右にスワイプして全ての履歴を確認可能。履歴を上へスワイプして削除でき、バックグラウンドで動作するアプリも完全終了できる

画面下端から上へスワイプし、途中で指を止めると「Appスイッチャー」が表示。最近使用したアプリの履歴がカードのように表示され、タップしてすぐに起動できる。少し前に使ったアプリを再度利用する際に便利だ。

iPhone 8以前のモデル

左右にスワイプして全ての履歴を確認。上へスワイプすれば履歴を削除できる

iPhone 8以前の機種では、ホームボタンを素早く2回押して「Appスイッチャー」を表示する。履歴の削除方法もiPhone X以降と同様に、上へスワイプするだけと簡単だ。

ホーム画面の各種操作方法

1 アプリの移動や削除を可能な状態にする

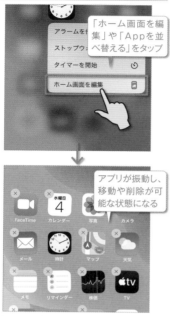

アプリをロングタップして表示されるメニューで「ホーム画面を編集」や「Appを並べ替える」をタップ。するとアプリが振動し、移動や削除が可能な編集モードになる。なお、メニュー表示後しばらくタップし続けても編集モードにすることができる。

2 アプリを移動して配置を変更する

アプリが振動した状態になると、ドラッグして移動可能だ。画面の端に持って行くと、隣のページに移動させることもできる。配置変更が完了したら、画面右上の「完了」をタップ（iPhone 8以前の機種はホームボタンを押す）。

2 複数のアプリをまとめて移動させる

アプリを編集可能な状態にし、移動させたいアプリのひとつを少しドラッグする。指を離さないまま別のアプリをタップすると、アプリがひとつに集まり、まとめて移動させることが可能だ。

4 フォルダを作成しアプリを整理する

アプリをドラッグして別のアプリに重ねると、フォルダが作成され複数のアプリを格納できる。ホーム画面の整理に役立てよう。フォルダを開いて、フォルダ名部分をロングタップすると、フォルダ名も自由に変更できる。

5 アプリをアンインストール（削除）する方法

アプリをロングタップしたメニューで「Appを削除」を選べば、そのアプリを削除できる。また、前述の手順1の操作で編集モードにした後、アイコン左上の「×」をタップすることでも削除できる。

POINT

削除したアプリの再インストール

削除したアプリは、「App Store」（P062で詳しく解説）から再インストールできる。標準アプリはもちろん、App Storeで購入した有料アプリも、再度料金を支払う必要なく、すぐに再インストール可能だ。

iCloud（雲の絵柄）マークをタップして再インストールする

6 ドックのアプリを入れ替える

ドラッグして配置する

ドックのアプリも他のアプリ同様に移動して、入れ替えが可能だ。既存のアプリを取り出し、毎日頻繁に使うアプリを4つ選んで配置しておこう。フォルダをドックに配置することも可能だ。

7 ホーム画面のレイアウトをリセットする

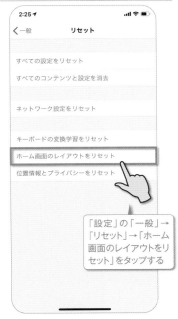

「設定」の「一般」→「リセット」→「ホーム画面のレイアウトをリセット」をタップする

アプリを入れすぎて煩雑になった際など、ホーム画面のレイアウトを初期状態にリセット可能。後からインストールしたアプリは、フォルダから出され、2ページ目以降にアルファベット順、続けて五十音順に配置される。

8 主なステータスアイコンの意味を理解しよう

ステータスバーやコントロールセンターに表示される主なアイコンの意味を覚えておこう。

 Wi-Fi接続中

 位置情報サービス利用中

 Bluetoothがオン

 機内モードがオン

 画面の向きをロック中

 アラーム設定中

 おやすみモード設定中

 インターネット共有利用中

 iTunesと同期中

9 ホーム画面やロック画面の壁紙を変更する

カメラロールにある、iPhoneで撮影した写真やネットからダウンロードした画像を壁紙として設定することもできる

「設定」→「壁紙」→「壁紙を選択」で壁紙を変更できる。「ダイナミック」は常にパターンが変化する壁紙で、「静止画」は通常の壁紙、「Live」はロック画面でロングタップするとパターンが変化する壁紙だ。

10 アプリに表示されるバッジの意味

この場合、5通の未開封メールがあることを表している

アプリのアイコン右上に表示される赤い丸と数字のマークは「バッジ」といい、メールの受信や電話の着信などを件数と共に知らせてくれる。アプリを開き、メール開封などの操作を行うとバッジは消去される。

11 Spotlightでさまざまな情報を検索する

上部の検索ボックスにキーワードを入力する。なお、「SIRIからの提案」は、その時々にユーザーが利用しそうなアプリや操作を予測して表示してくれる

ホーム画面の適当な場所を下へスワイプして表示できる検索機能「Spotlight」。iPhone内のアプリやメール、連絡先、音楽をはじめ、マップやWebサイト、辞書などさまざまな対象をキーワード検索できる。

コントロールセンターや通知センター、ウィジェットを利用する

Wi-Fiなどの通信機能や機内モード、画面の明るさなどを素早く操作できる「コントロールセンター」、
各種通知をまとめてチェックできる「通知センター」、アプリの情報やツールを表示できる「ウィジェット」をまとめて解説。

よく使う機能や情報に素早くアクセス

iPhoneには、よく使う機能や設定、頻繁に確認したい情報などに素早くアクセスできる便利なツールが備わっている。Wi-FiやBluetoothの接続／切断、機内モードや画面縦向きロックを利用したい時は、「設定」アプリでメニューを探す必要はなく、画面右上から「コントロールセンター」を引き出せばよい。ボタンをタップするだけで機能や設定をオン／オフ可能だ。

また、画面の上から引き出し、メールやメッセージの受信、電話の着信、今日の予定などの通知をまとめて一覧し、確認できる「通知センター」も便利。さらに、画面の左端から右へスワイプして切り替える画面では、各種アプリの情報を確認したり機能を手早く使える「ウィジェット」を並べて利用できる。例えば今日の天気を表示したり、LINEで特定のトークをすぐに開くといった使い方ができる。なお、iPhone X以降とiPhone 8以前で表示方法が異なるので注意しよう。

ホーム画面をスワイプして表示する各ツールの表示方法

画面左上や中央上から下へスワイプ
通知センター

ホーム画面やアプリ使用中に、画面の左上（およびノッチの下）から下へスワイプして引き出せる「通知センター」。さまざまなアプリの過去の通知をまとめて一覧表示できる。通知をタップすれば該当アプリが起動する。また、通知は個別に（またはまとめて）消去可能。なお、通知センターへ通知を表示するかどうかは、アプリごとに設定できる。

iPhone X以降での表示方法

画面右上から下へスワイプ
コントロールセンター

ホーム画面やロック画面アプリ使用中に、画面右上から下へスワイプすると「コントロールセンター」を表示できる。なお、「設定」→「コントロールセンター」→「コントロールをカスタマイズ」で、表示内容をカスタマイズできる。

コントロールセンターの機能

❶ 左上から時計回りに機内モード、モバイルデータ通信、Bluetooth、Wi-Fi。BluetoothとWi-Fiは通信機能自体のオン／オフではなく、現在の接続先との接続／切断を行える。

❷ ミュージックコントロール。ミュージックアプリの再生、停止、曲送り／戻しの操作を行える。

❸ 左が画面の向きロック、右がおやすみモード

❹ 画面ミラーリング。Apple TVに接続し、画面をテレビなどに出力できる機能。

❺ 左が画面の明るさ調整、右が音量調整。

❻ 左からフラッシュライト、タイマー、計算機、カメラ。QRコードのスキャンボタンが表示されている場合もある。

画面を右へスワイプ
ウィジェット

ホーム画面の1ページ目やロック画面で、画面を右方向へスワイプすると「ウィジェット」の一覧画面を表示できる。ウィジェットは、各アプリに付随する機能。標準ではカレンダーや天気などのウィジェットが表示されている。なお、アプリ使用中に表示したい場合は、通知センター画面で右スワイプすればよい。

iPhone 8以前のモデルでの表示方法

画面上から下へスワイプ
通知センター

画面を右へスワイプ
ウィジェット

画面下から上へスワイプ
コントロールセンター

各ツールの操作方法

1 各ツールをロック中 でも利用する

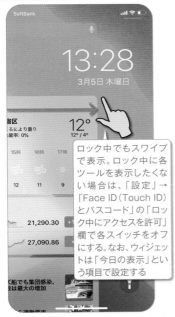

ロック中でもスワイプで表示。ロック中に各ツールを表示したくない場合は、「設定」→「Face ID（Touch ID）とパスコード」の「ロック中にアクセスを許可」欄で各スイッチをオフにする。なお、ウィジェットは「今日の表示」という項目で設定する

通知センター、ウィジェット、コントロールセンターは、ロック中でも表示できる。ただし通知センターの表示方法は、ホーム画面での操作と異なり、画面の適当な部分を上へスワイプする。

2 アプリごとに通知センター の表示を設定する

チェックを入れて表示。表示が増えすぎないよう取捨選択しよう

通知センターに通知を表示するかどうかは、アプリごとに設定できる。「設定」→「通知」でアプリを選び、「通知センター」のチェックで表示／非表示を設定する。表示するには、もちろん「通知を許可」がオンになっている必要がある。

3 通知センターで 各通知を操作する

右スワイプで「開く」をタップしてアプリを起動。左スワイプで「表示」をタップすれば、アプリごとの各種操作を行える

通知をロングタップすると、左スワイプ→「表示」と同じメニューが表示。電話の折り返しなどを素早く行える

通知センターの各通知は、左右にスワイプしたりロングタップすることで、さまざまな操作が可能だ。メールの内容表示、メッセージの返信、リマインダーの実行済みなど、アプリを起動することなく処理することができる。

4 通知センターの通知を 消去、管理する

左にスワイプし、続けて「消去」をタップし通知を消去

左にスワイプし、続けて「管理」をタップすれば通知の設定を変更できる

各通知を左にスワイプし、「消去」をタップすれば、その通知を消去できる。通知センター右上の「×」をタップすれば、全通知を一括消化可能。「管理」をタップして、通知を目立たなくしたりオフにすることもできる（P036で解説）。

5 ウィジェットを 追加／削除する

App Storeからインストールしたアプリにもウィジェットが使えるものは多い

ウィジェットは、追加、削除、並べ換えを自由に行える。ウィジェット画面を一番下までスクロールし「編集」をタップ。「−」で削除、「＋」で追加、右端の三本線の部分をドラッグして、並べ替えを行おう。

6 コントロールセンターを プレスする

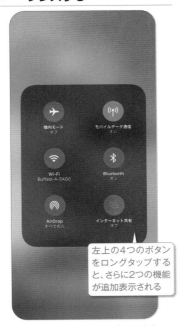

左上の4つのボタンをロングタップすると、さらに2つの機能が追加表示される

コントロールセンターの各コントロールをロングタップすると、隠れた機能を表示できる。左上の4つのボタンをロングタップすると、AirDropとインターネット共有のボタンが表示。ほかのコントロールでも試してみよう。

iCloudでさまざまなデータを同期&バックアップする

「iCloud(アイクラウド)」とは、iOSに搭載されているクラウドサービスだ。
iPhone内のデータが自動で保存され、いざという時に元通り復元できるので、機能を有効にしておこう。

iPhoneのデータを守る重要なサービス

Apple IDを作成すると、Appleのクラウドサービス「iCloud」を、無料で5GBまで利用できるようになる。iCloudの役割は大きく2つ。iPhoneのデータの「同期」と「バックアップ」だ。どちらもiPhoneのデータをiCloud上に保存するための機能だが、下にまとめている通り、対象となるデータが異なる。「同期」は、写真やメールといった標準アプリのデータを、常に最新に状態でiCloud上に保存しておき、同じApple IDを使っ

たiPadやMacでも同じデータを見ることができるようにする機能。「バックアップ」は、同期できないその他のアプリや設定などのデータを、定期的にiCloudにバックアップ保存しておき、いざという時にバックアップした時点の状態に戻せる機能だ。どちらも重要な機能なので、チェックしておくべき項目と設定方法を知っておこう。

またiCloudには、紛失したiPhoneの位置を特定したり、遠隔操作で紛失モードにできる、「探す」機能なども含まれる。「探す」機能の設定と使い方については、P111で詳しく解説する。

iPhone
スタート
ガイド

iCloudの役割を理解しよう

iCloudの各種機能を有効にする

西川希典
Apple ID、iCloud、iTunes StoreとApp S...

↓

iCloud

↓

9:20

iCloudの使用済み/空き容量

容量
iCloud　　　　　使用済み: 21.9 GB / 50 GB

● 写真　● 書類　● バックアップ　● その他

ストレージを管理

ICLOUDを使用しているAPP

📷 写真　　　　　　　　オン >
✉️ メール　　　　　　　　⚪
👤 連絡先　　　　　　　　⚪
📅 カレンダー　　　　　　⚪
📋 リマインダー　　　　　⚪
📝 メモ　　　　　　　　　⚪
💬 メッセージ　　　　　　⚪
🧭 Safari　　　　　　　　⚪
📊 株価
🏠 ホーム

iCloudを利用するアプリ
や機能はオンにしておく

「設定」アプリの一番上に表示されるユーザー名
(Apple ID)をタップし、続けて「iCloud」をタップすると、iCloudの使用済み容量を確認したり、iCloudを利用するアプリや機能をオン/オフできる。

iCloudでできること

1 標準アプリを「同期」する

「同期」とは、複数の端末で同じデータにアクセスできる機能。対象となるのは、写真(iCloud写真がオンの時)、メール、連絡先、カレンダー、リマインダー、メモ、メッセージ、Safari、iCloud Driveなど標準アプリのデータ。これらは常に最新のデータがiCloud上に保存されており、同じApple IDでサインインしたiPhone、iPad、パソコンなどで同じデータを見ることができる。また、各端末で新しいデータを追加・削除すると、iCloud上に保存されたデータもすぐに追加・削除が反映される。

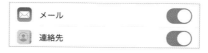

✉️ メール　　　　　　　　⚪
👤 連絡先　　　　　　　　⚪

2 その他のデータを「バックアップ」する

「バックアップ」とは、iPhone内のさまざまなデータをiCloud上に保存しておく機能。対象となるのは、同期できないアプリ、通話履歴、デバイスの設定、写真(iCloud写真がオフの時)などのデータ。iPhoneが電源およびWi-Fiに接続されている時に、定期的に自動で作成される。バックアップされるのはその時点の最新データなので、あとから追加・削除したデータは反映されない。iCloudバックアップから復元を実行すると、バックアップが作成された時点の状態に戻る。

🔄 iCloudバックアップ　　オン >

● POINT

iCloudの同期とバックアップは何が違う?

常に最新データがiCloudに保存される「同期」と、その他のデータをiCloud上に定期的に保存する「バックアップ」は、役割こそ違うが、どちらもiPhoneの中身をiCloudに保存する機能。「同期」されるデータは、常にiCloud上にバックアップされているのと同じと思えばよい。

1 標準アプリを「同期」する

1 同期するアプリを有効にする

同期を有効にするアプリをオン

「設定」で一番上のApple IDをタップし、続けて「iCloud」をタップ。「写真」(iCloud写真)から「キーチェーン」までと「iCloud Drive」が同期できるデータなので、同期したい項目をオンにしよう。

2 iCloud Driveを有効にした場合

オンにする。iCloud Driveに保存されたファイルは、「ファイル」アプリで確認できる

「iCloud Drive」は、他のアプリのファイルを保存できるオンラインストレージだ。オンにしておくと、他のアプリで保存先をiCloudに指定したファイルを同期できるようになる。

3 キーチェーンを有効にした場合

オンにすると保存したIDやパスワードが同期される

「設定」→「パスワードとアカウント」→「パスワードを自動入力」もオンにしておけば、キーチェーンに保存されたIDとパスワードを自動入力できる

「キーチェーン」をオンにすると、iPhoneでWebサービスやアプリにログインする時のIDやパスワードをiCloudに保存し、同じApple IDでサインインした他の端末でも使える (P089で解説)。

4 その他同期されるデータ

一度購入したアプリなどは購入履歴が同期されるので、同じApple IDを使った他のデバイスでも無料でダウンロードできる

iCloudの設定でスイッチをオンにしなくても、iTunes StoreやApp Storeで購入した曲やアプリ、購入したブック、Apple Musicのデータなどは、iCloudで自動的に同期される。

5 同期したアプリを他のデバイスで見る

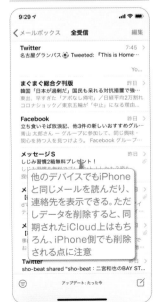

他のデバイスでもiPhoneと同じメールを読んだり、連絡先を表示できる。ただしデータを削除すると、同期されたiCloud上はもちろん、iPhone側でも削除される点に注意

iPadやMacなど他のデバイスでも同じApple IDでサインインし、iCloudの同期を有効にしておこう。写真やメール、連絡先などのアプリを起動すると、iPhoneとまったく同じ内容が表示される。

6 機種変更した時はどうなる?

同じApple IDでサインインするだけで元の環境に戻る

バックアップと違って、機種変更したときも特に復元作業は必要ない。同じApple IDでサインインを済ませれば、iCloudで同期した写真やメール、連絡先を元通りに表示できる。

○ POINT

写真の同期機能について理解する

写真をiCloudで同期する方法としては、「iCloud写真」と「マイフォトストリーム」がある。「iCloud写真」はすべての写真やビデオをiCloudに保存する機能なので、写真を撮りためているとすぐにiCloud容量が不足する。これに対し、「マイフォトストリーム」は、iCloudの容量を使わずに写真を同期できる機能だ。ただし保存期間は30日までで、保存枚数は最大1,000枚まで、ビデオのアップロードも不可。あくまで一時的に写真をクラウド保存できる機能と考えよう。

なお、「iCloud写真」がオフの時は、「フォトライブラリ」をバックアップ対象に選択できる (P028で解説)。オンにすると、現時点の端末内の写真やビデオがすべてiCloudバックアップに含まれる。ただ、iCloudの容量を使うので無料の5GBだと容量が足りない場合が多いし、バックアップされた写真の中身を個別に取り出せない。iCloudの容量を追加購入して写真を保存するなら、普通に「iCloud写真」で同期したほうが便利だ。

「iCloud写真」を使う場合はオン

「マイフォトストリーム」を使う場合はオン

「設定」で一番上のApple IDをタップし、「iCloud」→「写真」をタップ。写真の同期設定として、「iCloud写真」と「マイフォトストリーム」をそれぞれ有効にできる。

2 その他のデータを「バックアップ」する

1 iCloudバックアップのオンを確認する

Apple IDの設定画面で「iCloud」→「iCloudバックアップ」をタップし、スイッチのオンを確認しよう。iPhoneが電源およびWi-Fiに接続されている時に、自動でバックアップを作成するようになる。

2 バックアップするアプリを選択する

バックアップサイズが大きい順にアプリが表示される。「すべてのAppを表示」ですべてのアプリを表示

Apple IDの設定画面で「iCloud」→「ストレージを管理」→「バックアップ」→「このiPhone」をタップすると、バックアップ対象のアプリを選択できる。不要なアプリはオフにしておこう。

3 アプリ内のデータは元に戻せる?

「iCloud」画面の下の方にあるアプリは、スイッチをオンにしておけばiCloud Drive経由でデータを同期して元に戻せる。手順2でバックアップ対象にしたアプリも基本的に元の環境に戻るが、アプリによっては完全に復元できないデータもある。ログイン情報の復元もアプリによって異なる

アプリ本体は保存されず、復元後に自動で再インストールされる。アプリ内のデータも元に戻るものが多いが、アプリによっては中身のデータがバックアップに含まれず、復元できないものもある。

4 フォトライブラリのバックアップに注意

iCloudを無料の5GBのまま使うなら、「フォトライブラリ」はオフにしてiCloudに保存しないようにし、写真やビデオは手動でパソコンなどにバックアップしておこう(P106で解説)

iCloud写真がオフの時は「フォトライブラリ」項目が表示され、端末内の写真やビデオをバックアップ対象にできる。写真をiCloudに保存するなら、P027の通りiCloud写真を使うほうがおすすめ。

5 手動で今すぐバックアップする

タップ

「iCloud」→「iCloudバックアップ」で「今すぐバックアップを作成」をタップすると、手動でバックアップを作成できる。前回のバックアップ日時もこの画面で確認できる。

6 バックアップから復元する

タップ

iPhoneを初期化したり(P105で解説)、機種変更した時は、初期設定中の「Appとデータ」画面で「iCloudバックアップから復元」をタップすると、バックアップした時点の状態にiPhoneを復元できる。

7 iCloudの容量を追加購入する

50GB/月額130円、200GB/月額400円、2TB/月額1,300円のプランが用意されている。特に「iCloud写真」をオンにして写真を撮影していると、すぐに容量が足りなくなるので、iCloud容量の追加購入が必要

iCloudの容量が無料の5GBでは足りなくなったら、「iCloud」→「ストレージを管理」→「ストレージプランを変更」をタップして、有料プランでiCloudの容量を増やしておこう。

○ POINT

その他自動でバックアップされる項目

- Apple Watchのバックアップ
- デバイスの設定
- HomeKitの構成
- ホーム画面とアプリの配置
- iMessage、SMS、MMS
- 着信音
- Visual Voicemailのパスワード

バックアップ設定でスイッチをオンにしなくても、これらの項目は自動的にバックアップされ、復元できる。「同期」している標準アプリのデータはバックアップや復元の必要がないので、iCloudバックアップには含まれない。

ロック画面のセキュリティを
しっかり設定しよう

不正アクセスなどに気を付ける前に、まずiPhone自体を勝手に使われないように対策しておく方が重要だ。
画面をロックするパスコードとFace（Touch）IDは、最初に必ず設定しておこう。

顔認証や指紋認証で画面をロック

　iPhoneにパスコードや、Face ID（顔認証）、Touch ID（指紋認証）を設定しておけば、iPhoneの画面をロックできる。iPhoneのスリープを解除するとロック画面が表示され、パスコードを入力するか顔認証／指紋認証を済ませないと、ホーム画面を表示することができない。iPhoneを万一紛失してしまっても、他人に勝手にiPhoneの中身を見られることがなくなるので、必ず設定を済ませておこう。

　iPhone 11などホームボタンのない機種で使えるFace IDの場合、画面を見つめて上部の南京錠アイコンが外れた状態になったら、画面を下から上にスワイプすればホーム画面が開く。iPhone 8などホームボタンのある機種で使えるTouch IDの場合、ホームボタンに指を置いて指紋を認証させ、ホームボタンを押せばホーム画面が開く。なお、どちらの機能を使う場合も、パスコードの設定は必ず必要となる。マスクや手袋を付けていて顔認証や指紋認証に失敗する時は、予備のロック解除機能としてパスコード入力による解除が可能だ。

パスコードを設定する

1 パスコードをオンにするをタップ

まだセキュリティ設定を済ませていない場合は、「設定」→「Face（Touch）IDとパスコード」をタップし、「パスコードをオンにする」をタップ。

2 6桁の数字でパスコードを設定

6桁の数字でパスコードを設定すれば、ロック画面の解除にパスコードの入力が求められる。Face IDやTouch IDで認証を失敗したときも、パスコードで解除可能だ。

Face IDを設定する

1 Face IDをセットアップをタップ

画面のロックを顔認証で解除できるようにするには、「設定」→「Face IDとパスコード」→「Face IDをセットアップ」をタップ。

2 枠内で顔を動かしてスキャンする

枠内に顔を合わせつつ、首を回して顔のすべての角度を読み取る

「開始」をタップし、画面の指示に従って自分の顔を枠内に入れつつ、ゆっくり首を回すように顔を動かしてスキャンすれば、顔が登録される。

Touch IDを設定する

1 指紋を追加をタップする

画面のロックを指紋認証で解除できるようにするには、「設定」→「Touch IDとパスコード」→「指紋を追加」をタップ。

2 ホームボタンに指を置いて指紋を登録

ホームボタンに指を当てて離す作業を繰り返す

ホームボタンに指を置き、指を当てる、離すという動作を繰り返すと、iPhoneに指紋が登録される。

◯ POINT

認証ミスを防ぎ素早くロック解除できる設定

注視を不要にする

オフにする

「設定」→「Face IDとパスコード」→「Face IDを使用するには注視が必要」をオフにしておけば、画面を見つめなくても素早くロックを解除できる。ただし、寝ている間に悪用される危険があり安全性は下がる。

同じ指紋を複数登録

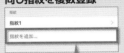

タップして同じ指の指紋を登録

指紋の認証ミスが多いなら、「設定」→「Touch IDとパスコード」で「指紋を追加」をタップし、同じ指の指紋を複数追加しておこう。指紋の認識精度がアップする。

パスコードを4桁に

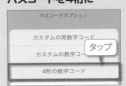

タップ

パスコード設定時に「パスコードオプション」をタップすると、素早く入力できるよう4桁の数字に減らせるが、安全性は下がる。

iPhoneの文字入力方法を覚えよう

「日本語-かな」か「日本語-ローマ字」+「英語（日本）」で入力

iPhoneでは文字入力が可能な画面内をタップすると、自動的に画面下部にソフトウェアキーボードが表示される。標準で利用できるのは初期設定（P006から解説）で選択したキーボードになるが、下記囲みの通り、後からでも「設定」で自由にキーボードの追加や削除が可能だ。

基本的には、トグル入力やフリック入力に慣れているなら「日本語-かな」キーボード、パソコンのQWERTY配列に慣れているなら「日本語-ローマ字」+「英語（日本）」キーボードの組み合わせ、どちらかで入力するのがおすすめ。あとは、必要に応じて絵文字キーボードも追加しておこう。使わないキーボードは削除しておいたほうが、キーボード切り替えの手間も減って快適に利用できる。

キーボードを追加する、削除する

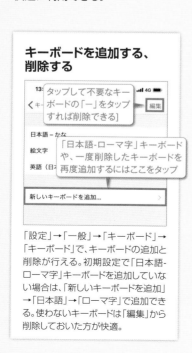

[タップして不要なキーボードの「ー」をタップすれば削除できる]

[「日本語-ローマ字」キーボードや、一度削除したキーボードを再度追加するにはここをタップ]

「設定」→「一般」→「キーボード」→「キーボード」で、キーボードの追加と削除が行える。初期設定で「日本語-ローマ字」キーボードを追加していない場合は、「新しいキーボードを追加」→「日本語」→「ローマ字」で追加できる。使わないキーボードは「編集」から削除しておいた方が快適。

iPhoneで利用できる標準キーボード

日本語-かな

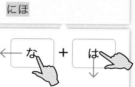

携帯電話のダイヤルキーとほぼ同じ配列のキーボード。「トグル入力」と「フリック入力」の2つの方法で文字を入力できる。

日本語-ローマ字

パソコンのキーボードとほぼ同じ配列のキーボード。キーは小さくなるが、パソコンに慣れている人はこちらの方が入力しやすいだろう。

トグル入力

にほ

| な | + | は |
| ×2回 | | ×5回 |

携帯電話と同様の入力方法で、キーをタップするごとに「あ→い→う→え→お→…」と入力される文字が変わる。

フリック入力

にほ

な + は

キーを上下左右にフリックした方向で、入力される文字が変わる。キーをロングタップすれば、フリック方向の文字を確認できる。

ローマ字入力

にほ

n + i + h + o

「ni」とタップすれば「に」が入力されるなど、パソコンでの入力と同じローマ字かな変換で日本語を入力できる。

英語（日本）

「日本語-ローマ字」キーボードでは、いちいち変換しないと英字を入力できないので、アルファベットを入力する際はこのキーボードに切り替えよう。

絵文字

よく使う絵文字

さまざまな絵文字をタップするだけで入力できる。一部の絵文字は、タップすると肌の色を変更できる。

キーボードの種類を切り替える

①地球儀と絵文字キーで切り替える
キーボードは、地球儀キーをタップすることで、順番に切り替えることができる。絵文字キーボードに切り替えるには絵文字キーをタップ。

②ロングタップでも切り替え可能
地球儀キーをロングタップすると、利用できるキーボードが一覧表示される。キーボード名をタップすれば、そのキーボードに切り替えできる。

キーボード設定...
日本語かな
English (Japan)
絵文字
日本語ローマ字

「日本語-かな」での文字
(トグル入力／フリック入力)

「日本語-かな」で濁点や句読点を入力する方法や、
英数字を入力するのに必要な入力モードの
切り替えボタンも覚えておこう。

文字を入力する

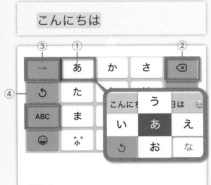

①入力
文字の入力キー。ロングタップするとキーが拡大表示され、フリック入力の方向も確認できる。
②削除
カーソルの左側にある文字を1字削除する。
③文字送り
「ああ」など同じ文字を続けて入力する際に1文字送る。
③逆順
トグル入力時の文字が「う→い→あ」のように逆順で表示される。

濁点や句読点を入力する

①濁点／半濁点／小文字
入力した文字に「゛」や「゜」を付けたり、小さい「っ」などの小文字に変換できる。
②長音符
「わ」行に加え、長音符「ー」もこのキーで入力できる。
③句読点／疑問符／感嘆符
このキーで「、」「。」「?」「!」を入力できる。

文字を変換する

①変換候補
入力した文字の変換候補が表示され、タップすれば変換できる。
②その他の変換候補
タップすれば、その他の変換候補リストが開く。もう一度タップで閉じる。
③次候補／空白
次の変換候補を選択する。確定後は「空白」キーになり全角スペースを入力。
④確定／改行
変換を確定する。確定後は「改行」キー。

アルファベットを入力する

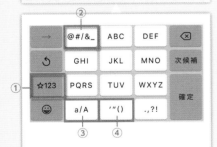

①入力モード切替
「ABC」をタップするとアルファベット入力モードになる。
②「@」などの入力
アドレスの入力によく使う「@」「#」「/」「&」「_」記号を入力できる。
③大文字／小文字変換
大文字／小文字に変換する。
④「'」などの入力
「'」「"」「(」「)」記号を入力できる。

数字や記号を入力する

①入力モード切替
「☆123」をタップすると数字／記号入力モードになる。
②数字／記号キー
数字のほか、数字キーの下に表示されている各種記号を入力できる。

記号や顔文字を入力する

①顔文字
日本語入力モードで何も文字を入力していないと、顔文字キーが表示され、タップすれば顔文字を入力できる。
②顔文字変換候補
顔文字の変換候補が表示され、タップすれば入力される。
③その他の顔文字変換候補
タップすれば、その他の変換候補リストが開く。もう一度タップで閉じる。

iPhoneの文字入力方法を覚えよう

「日本語-ローマ字」「英語（日本）」での文字入力

日本語入力で「日本語-ローマ字」キーボードを使う場合、アルファベットは「英語（日本）」キーボードに切り替えて入力しよう。

文字を入力する

①入力
文字の入力キー。「ko」で「こ」が入力されるなど、ローマ字かな変換で日本語を入力できる。
②全角英字
ロングタップするとキーが拡大表示され、全角で英字を入力できる。
③削除
カーソル左側の文字を1字削除する。

濁点や小文字を入力する

①濁点／半濁点／小文字
「ga」で「が」、「sha」で「しゃ」など、濁点／半濁点／小文字はローマ字かな変換で入力する。また最初に「l（エル）」を付ければ小文字（「la」で「ぁ」）、同じ子音を連続入力で最初のキーが「っ」に変換される（「tta」で「った」）。
②長音符
このキーで長音符「ー」を入力できる。

文字を変換する

①変換候補
入力した文字の変換候補が表示され、タップすれば変換できる。
②その他の変換候補
タップすれば、その他の変換候補リストが開く。もう一度タップで閉じる。
③次候補／空白
次の変換候補を選択する。確定後は「空白」キーになり全角スペースを入力。
④確定／改行
変換を確定する。確定後は「改行」キー。

アルファベットを入力する

①「英語（日本）」に切り替え
タップ、またはロングタップして「英語（日本）」キーボードに切り替えると、アルファベットを入力できる。
②アクセント記号を入力
一部キーは、ロングタップするとアクセント記号文字のリストが表示される。
③スペースキー
半角スペース（空白）を入力する。ダブルタップすると「.」（ピリオドと半角スペース）を自動入力。

シフトキーの使い方

①小文字入力
シフトキーがオフの状態で英字入力すると、小文字で入力される。
②1字のみ大文字入力
シフトキーを1回タップすると、次に入力した英字のみ大文字で入力する。
③常に大文字入力
シフトキーをダブルタップすると、シフトキーがオンのまま固定され、常に大文字で英字入力するようになる。もう一度シフトキーをタップすれば解除され、元のオフの状態に戻る。

句読点／数字／記号／顔文字

①入力モード切替
「123」キーをタップすると数字／記号入力モードになる。
②他の記号入力モードに切替
タップすると、「#」「+」「=」などその他の記号の入力モードに変わる。
③句読点／疑問符／感嘆符
「、」「。」「?」「!」を入力できる。英語キーボードでは「.」「,」「?」「!」を入力。
④顔文字
日本語-ローマ字キーボードでは、タップすると顔文字を入力できる。

「絵文字」での文字入力

キーボード追加画面（P030で解説）で「絵文字」が設定されていれば、「日本語-かな」や「日本語-ローマ字」キーボードに絵文字キーが表示されている。タップすると、「絵文字」キーボードに切り替わる。「スマイリーと人々」「動物と自然」「食べ物と飲み物」など、テーマごとに独自の絵文字が大量に用意されているので、文章を彩るのに活用しよう。

絵文字キーボードの画面の見方

① 絵文字キー
絵文字やアニ文字、ミー文字のステッカーを入力。

② テーマ切り替え
絵文字のテーマを切り替え。左右スワイプでも切り替えできる。

③ よく使う絵文字
よく使う絵文字を表示する。

④ 削除
カーソル左側の文字を1字削除する。

⑤ キーボード切り替え
元のキーボードに戻る

入力した文章を編集する

入力した文章をタップするとカーソルが挿入される。さらにカーソルをタップすると上部にメニューが表示され、範囲選択やカット、コピー、ペーストといった編集を行える。3回、4回タップや3本指ジェスチャーも便利なので覚えておこう。

カーソルを挿入、移動する

文字部分をタップすると、その場所にカーソルが挿入され、ドラッグするとカーソルを自由な位置に移動できる。カーソルも大きく表示されるので移動箇所が分かりやすい。

テキスト編集メニューを表示する

カーソル位置を再びタップすると、カーソルの上部に編集メニューが表示される。このメニューで、テキストを選択してコピーしたり、コピーしたテキストを貼り付けることができる。

単語の選択と選択範囲の設定

編集メニューで「選択」をタップするか、または文字をダブルタップすると、単語だけを範囲選択できる。左右端のカーソルをドラッグすれば、選択範囲を自由に調整できる。

3回&4回タップで文や段落を選択

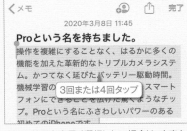

大きな範囲を素早く選択したい場合は、文字を3回タップしてみよう。タップした文字を含む1文が選択状態になる。また4回タップした時は、タップした部分の段落が選択される。

文字をコピー&ペーストする

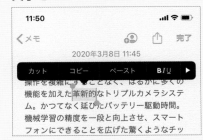

選択状態にすると、編集メニューの内容が変わる。「カット」「コピー」をタップして文字を切り取り／コピー。「ペースト」をタップすればカーソル位置にカット／コピーしたテキストを貼り付ける。

3本指でコピー、カット、ペースト

文字を選択し、3本指でピンチインすると、選択した文字がコピーされる。ピンチインを2回繰り返すとカット。またピンチアウトすると、カーソル位置にコピーした文字が貼り付けられる。

3本指で取り消し、やり直し

直前の編集操作を取り消したい時は、3本指で左にスワイプして取り消せる。編集操作を誤って取り消してしまった場合は、3本指で右にスワイプして取り消しをキャンセルできる。

音声で文字を入力する

マイクボタンをタップすると音声入力モードになる。iPhoneに向かって話しかけると、自動でテキストに変換してくれる。音声入力の画面内か、右下のキーボードボタンをタップすると元の画面に戻る。

まずは覚えておきたい操作&設定ポイント

iPhoneを本格的に使い始める前に
覚えておきたい操作や、確認したい設定をまとめて紹介。
ぜひチェックしておこう。

01 不要なサウンドをオフにする

キーボードの操作音などを消す

「設定」→「サウンドと触覚」で細かく選択できる

標準では、キーボードで文字を入力するたびにカチカチと音が鳴るほか、メッセージやメールの送信時やTwitterの投稿時にも効果音が鳴るように設定されている。これらの音は「設定」→「サウンドと触覚」でオフ（なし）にできる。特にキーボードの操作音は、確実に入力した感覚を得られる効果はあるものの、公共の場などで気になることも多い。不要ならあらかじめオフにしておこう。

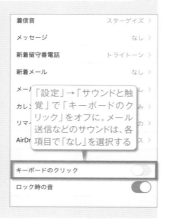

着信音	スターゲイズ 〉
メッセージ	なし 〉
新着留守番電話	トライトーン 〉
新着メール	なし 〉

「設定」→「サウンドと触覚」で「キーボードのクリック」をオフに。メール送信などのサウンドは、各項目で「なし」を選択する

| キーボードのクリック | |
| ロック時の音 | |

02 iOSを最新の状態にアップデートする

iPhone単体で行うにはWi-Fiが必須

Wi-Fiがない場合はiTunesが必要

iOSは、不具合の改善や新機能の追加を行ったアップデート版が時々配信される。「設定」→「一般」→「ソフトウェア・アップデート」項目に赤い丸で「1」と表示されたらアップデートが配信された印。タップしてインストールを進めよう。なお、iPhone単体でアップデートを行うにはWi-Fiでのネット接続が必須だ。Wi-Fiがない場合は、パソコンに接続し、iTunesで作業を行う必要がある。

iOS 13.3
Apple Inc.
659.8 MB

iOS 13.3には、改善とバグ修正並びにスクリーンタイムのペアレンタルコントロールの追加機能が含まれます。

Appleソフトウェア・アップデートのセキュリティコンテンツについては、以下のWebサイトをご覧ください；
https://support.apple.com/kb/HT201222

詳しい情報

タップしてインストール

ダウンロードしてインストール

自動アップデート　オフ 〉

03 自動ロックするまでの時間を設定する

短すぎると使い勝手が悪い

セキュリティと利便性のバランスを考慮する

iPhoneは一定時間タッチパネル操作を行わないと、画面が消灯し自動でロックがかかってしまう。このロックがかかるまでの時間は、標準の1分から変更可能。すぐにロックがかかって不便だと感じる場合は、少し長めに設定しよう。ただし、自動ロックまでの時間が長いほどセキュリティは低下するので、使い勝手とのバランスをよく考えて設定する必要がある。2分か3分がおすすめだ。

19:19
〈戻る　自動ロック

30秒
1分
2分
3分
4分
5分
なし

「設定」→「画面表示と明るさ」→「自動ロック」で設定。「なし」も選べるがセキュリティのリスクがあるのでおすすめできない

04 画面を縦向きに固定する

勝手に回転しないように

このボタンをタップし、画面を縦向きに固定する

寝転んでWebを見る際などは固定する

iPhoneは、内蔵センサーによって本体の向きを感知し、それに合わせて画面の向きも自動で回転する。寝転がってWebサイトを見る際など、意図せず画面が回転してわずらわしい場合は、コントロールセンターの「画面縦向きのロック」で、画面を縦向きに固定しよう。

05 自分のiPhoneの電話番号を確認する

電話アプリで「連絡先」を表示

意外と忘れてしまう自分の番号の表示方法

自分の電話番号を忘れてしまった時は、「電話」アプリの「連絡先」をタップしよう。一番上に表示される「自分のカード」をタップすれば、自分の電話番号を確認できる。その画面で電話番号をタップし、続けて「連絡先に追加」をタップして、名前や住所も入力した後、「設定」→「連絡先」→「自分の情報」も設定しておこう。自分の情報に設定すると、Siriに「自分の電話番号」と問いかけて電話番号を表示可能となる。

連絡先　＋
検索
自分のカード

タップ

電話　（SiriがSettingsで検出）
090 3475 ...
メモ

自分の電話番号が表示された

06 バッテリー残量を 正確に把握する

％表示を確認する

iPhone X以降の場合

コントロールセンターを表示すれば、残量の％表示を確認できる

iPhone X以降の 場合はひと手間必要

　バッテリーの残量を正確に把握したい場合は、％の数値で確認しよう。iPhone 8以前のモデルの場合は、「設定」→「バッテリー」で「バッテリー残量（％）」のスイッチをオンにすれば、ステータスバーに残量の数値が表示される。iPhone X以降の場合は、「バッテリー残量（％）」のスイッチはなく、コントロールセンターで数値を確認することになる。ウィジェットに「バッテリー」を追加しておけば、片手操作でも残量の数値を確認しやすくなるのでおすすめだ。

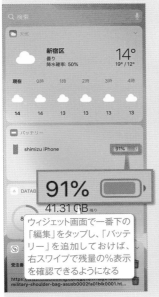

ウィジェット画面で一番下の「編集」をタップし、「バッテリー」を追加しておけば、右スワイプで残量の％表示を確認できるようになる

iPhone 8以前の場合

バッテリー残量（％）

「設定」→「バッテリー」で「バッテリー残量（％）」のスイッチをオンにしておこう

07 画面の一番上へ 即座に移動する

ステータスバーをタップするだけ

縦スクロール画面で 有効な操作法

　設定やメール、Twitterなどで、どんどん下へ画面を進めた後にページの一番上まで戻りたい時は、スワイプやフリックをひたすら繰り返すのではなく、ステータスバーをタップしてみよう。それだけで即座に一番上まで画面がスクロールされる。Safariやミュージック、メモをはじめ、縦にスクロールするほとんどのアプリで利用できる操作法なので、ぜひ覚えておこう。

iPhone X以降では、切り欠き部分の両脇どちらでもよい。Safariの場合は、検索フィールドが表示されるので、もう一度タップする

08 画面のスクロールを スピーディに行う

スクロールバーをドラッグする

フリックを 繰り返す必要なし

　縦に長いWebサイトやTwitter、ミュージックのライブラリなどで、目当ての位置に素早くスクロールしたい場合は、画面右端に表示されるスクロールバーを操作しよう。画面を少しスクロールさせると、画面の右端にスクロールバーが表示されるので、ロングタップしてそのまま上下にドラッグすればよい。縦にスクロールする多くのアプリで使える操作法なので、ぜひ試してみよう。

ロングタップして上下にドラッグ

09 Siriを 利用する

iPhoneの優秀な秘書機能

電源ボタンや ホームボタンで起動

　iPhoneに話しかけることで、情報を調べたり、さまざまな操作を実行してくれる「Siri」。「今日の天気は？」や「ここから○○駅までの道順は？」、「○○をオンに」、「○○に電話する」など多彩な操作をiPhoneにまかせることができる。Siriを起動するには、iPhone X以降なら電源ボタン（サイドボタン）、iPhone 8以前の機種ならホームボタンを長押しすればよい。初期設定時にSiriの設定をスキップした場合は、「設定」→「Siriと検索」で、「サイドボタン（ホームボタン）を押してSiriを起動」のスイッチをオンにしよう。

iPhone X以降では、電源ボタンを長押ししてSiriを起動。この画面でSiriに用件を伝えよう

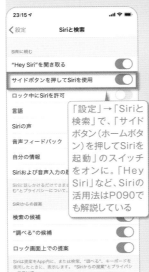

「設定」→「Siriと検索」で、「サイドボタン（ホームボタン）を押してSiriを起動」のスイッチをオンに。「Hey Siri」など、Siriの活用法はP090でも解説している

iPhone 8以前の機種では、ホームボタンの長押しでSiriを起動。この画面でSiriに用件を伝えよう

まずは覚えておきたい操作＆設定ポイント

10 周囲が暗いときは画面を ダークモードに変更する

設定時間に自動切り替えも可能

画面の印象と共に 気分も変えられる

　画面を暗めの配色に切り替える「ダークモード」。ホーム画面は暗めのトーンになり、各種アプリの画面は黒を基調とした配色に変更され、暗い場所で画面を見ても疲れにくくなる。この機能は、手動での切り替えだけではなく、昼間は通常のライトモードで夜間はダークモードに自動で切り替えることも可能だ。また、いくつかの壁紙は、ダークモード専用のカラーが設定されており、ホーム画面やロック画面の雰囲気をがらっと変えることができる。

「設定」→「画面表示と明るさ」の「外観モード」で「ダーク」を選択。「自動」をオンにすれば、オプションで設定したスケジュールで自動切り替えとなる。また、「コントロールのカスタマイズ」（P024で解説）で「ダークモード」を追加すればコントロールセンターに切り替えボタンを表示できる

ダークモードになった

ダークモード専用カラーが設定された壁紙

「設定」→「壁紙」→「壁紙を選択」→「静止画」でこのマークが付いている壁紙を選択すれば、ダークモードのホーム画面やロック画面で専用のカラーに切り替わる

11 アプリを素早く 切り替える方法

画面下端を右へスワイプ

前に使ったアプリ にすぐに戻れる

　iPhone X以降では、画面下端を右へスワイプするとひとつ前に使ったアプリを素早く表示できる。さらに右へスワイプして、過去に使ったアプリを順に表示することが可能だ。その後、すぐに左へスワイプすると、元のアプリやホーム画面へ戻ることが可能だ（少し時間が経過すると左へのスワイプはできなくなる）。Appスイッチャーを使うよりも、早く楽にアプリを切り替えられる便利な操作法だ。

ホーム画面やアプリの画面で、下端を右へスワイプ

12 不要な通知を すぐにオフにする

通知を左にスワイプして「管理」をタップ

目立たない形の 通知設定も可能

　メールやメッセージ、SNSなどの通知機能は便利だが、通知されても放置してしまうケースも多い。頻繁な通知がわずらわしい場合は、必要なものを除いてオフにしてしまおう。通知センターで通知を左にスワイプし、「管理」をタップする。メニューが表示されるので、通知が不要なものは「オフにする」をタップしよう。また、「目立たない形で配信」を選ぶと、通知センターへの表示以外が無効になる。

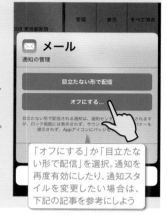

「オフにする」か「目立たない形で配信」を選択。通知を再度有効にしたり、通知スタイルを変更したい場合は、下記の記事を参考にしよう

13 通知のスタイルを 適切に設定する

重要度に合わせて最適な形に設定

アプリごとに あらためて見直そう

　メールやメッセージの受信をはじめ、カレンダーやSNSなどの新着情報を知らせてくれる通知機能。きちんと設定しないと、いちいち表示されるバナーを消すのが手間になったり、必要ない通知音が鳴ってわずらわしいことも。そこで、あらかじめ各アプリの通知設定を、「設定」→「通知」で見直しておこう。

　まずは、重要度の低いアプリの通知自体をオフにすることからはじめよう（No12の記事の方法も確認しておこう）。さらに、サウンドやバナー、バッジなどの通知方法を限定するなど、細かく設定していくとよい。また、「メール」アプリでは、設定しているアドレスごとに通知の設定を施すことが可能だ。アドレスの重要度に合わせて通知方法を変更しよう。

不要な通知はオフに

まずは重要度の低いアプリの「通知を許可」をオフにし、通知を無効にしよう

バナーのスタイルを設定

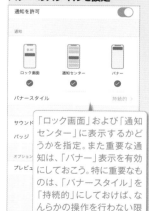

「ロック画面」および「通知センター」に表示するかどうかを指定。また重要な通知は、「バナー」表示を有効にしておこう。特に重要なものは、「バナースタイル」を「持続的」にしておけば、なんらかの操作を行わない限りバナーが表示され続ける

サウンドとバッジを設定

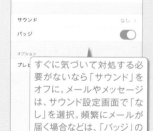

すぐに気づいて対処する必要がないなら「サウンド」をオフに。メールやメッセージは、サウンド設定画面で「なし」を選択。頻繁にメールが届く場合などは、「バッジ」のみ有効にするのもおすすめ

プレビューの設定

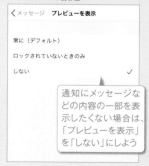

通知にメッセージなどの内容の一部を表示したくない場合は、「プレビューを表示」を「しない」にしよう

14 Wi-Fiに接続する

パスワードを入力するだけ

Wi-Fiの基本的な接続方法を確認

初期設定でWi-Fiに接続しておらず、後から設定する場合や、友人宅などでWi-Fiに接続する際は、「設定」→「Wi-Fi」をタップし、続けて接続するアクセスポイントをタップ。後はパスワードを入力するだけでOKだ。一度接続したアクセスポイントは、それ以降基本的には自動で接続される。また、既にWi-Fiに接続しているiPhoneやiPadがあれば、端末を近づけるだけで設定可能(P100で解説)。

キャンセル　パスワードを入力　接続

パスワード　●●●●●●●●●●●

接続先にあなたが登録されていて、このネットワークに接続しているiPhone、iPad、またはMacとこのiPhoneを近づけることでも、このiPhoneはこのWi-Fiネットワークにアクセスできるようになります。

パスワードを入力して「接続」をタップ

qwertyuiop

15 画面の明るさを調整する

コントロールセンターで調整

上下にスワイプして明るさを調整

明るさの自動調節もチェックする

iPhoneの画面の明るさは、周囲の明るさによって自動で調整されるが、手動でも調整可能だ。コントロールセンターを引き出し、スライダーを上へスワイプすれば明るく、下へスワイプすれば暗くできる。また、「設定」→「アクセシビリティ」→「画面表示とテキストサイズ」→「明るさの自動調節」をオフにすれば、常に一定の明るさが保たれる(ただし、自動調節は有効にしておくことが推奨される)。

16 機内モードを利用する

飛行気の出発前にオンにする

すべての通信を無効にする機能

航空機内など、電波を発する機器の使用を禁止されている場所では、コントロールセンターで「機内モード」をオンにしよう。モバイルデータ通信やWi-Fi、Bluetoothなどすべての通信を遮断する機能で、航空機の出発前に有効にする必要がある。機内でWi-Fiサービスを利用できる場合は、機内モードをオンにした状態のままで、航空会社の案内に従いWi-Fiをオンにしよう。

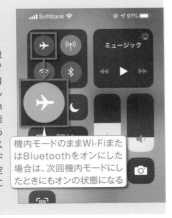

機内モードのままWi-FiまたはBluetoothをオンにした場合は、次回機内モードにしたときにもオンの状態になる

17 iPhoneで電話をかける

電話アプリを起動しよう

さまざまな電話のかけかたができる

iPhoneで電話をかけるには、ドックにある「電話」アプリを利用する。「キーパッド」で電話番号を入力し、緑の受話器ボタンを押せばよい。通話を終了するには赤い受話器ボタンを押す。他にも電話番号を登録済みの連絡先を選んだり、Webサイトに記載された電話番号をタップするなど、さまざまな方法で電話の発信を行える。さらに詳しい操作法は、P040以降で解説している。

電話番号を入力して電話をかける場合は、このボタンをタップ

18 かかってきた電話を受ける方法

使用中とロック中で操作が異なる

ホーム画面やアプリ使用中

タップ

スリープ中やロック画面

右へスワイプ

操作中画面なら「応答」をタップするだけ

iPhoneにかかってきた電話は、ホーム画面やアプリ使用中であれば「応答」をタップするだけで受けることができる。スリープ中やロック中の場合は、「スライドで応答」の受話器部分を右へスワイプして応答しよう。出られなかった場合は、電話アプリの「履歴」を確認すれば不在着信の発信元を確認できる。さらに詳しい操作法は、P040以降で解説している。

19 iPhoneで写真を撮影する

シャッターをタップするだけ

カメラアプリを起動しよう

iPhoneで写真を撮影する操作は極めて簡単だ。まず「カメラ」アプリを起動し、被写体にレンズを向ける。基本的にはピントも露出も自動で調整されるので、後は大きく表示されたシャッターボタンをタップするだけだ。「カシャッ」とシャッター音が聞こえれば撮影が完了。写真データは、「写真」アプリに保存されている。カメラには多彩な機能が搭載されているので、P064以降の記事で確認しよう。

シャッターをタップするだけで撮影

20 スクリーンショット を保存する

2つのボタンを同時に押す

加工や共有も 簡単に行える

表示されている画面そのままを画像として保存できる「スクリーンショット」機能。iPhone X以降では、電源ボタンと音量の＋（上げる）ボタンを同時に押して撮影（長押しにならないよう要注意）。ホームボタンのある機種は、電源ボタンとホームボタンを同時に押して撮影する。撮影後、画面左下に表示されるサムネイルをタップすると、マークアップ機能での書き込みや各種共有を行うことができる。

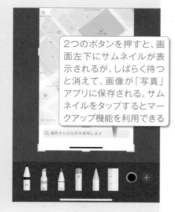

2つのボタンを押すと、画面左下にサムネイルが表示されるが、しばらく待つと消えて、画像が「写真」アプリに保存される。サムネイルをタップするとマークアップ機能を利用できる

21 iPhoneの画面の動き を動画として録画

画面収録機能を利用する

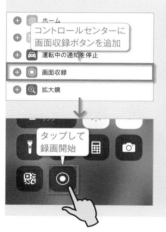

タップして録画開始

コントロールセンター をカスタマイズする

iPhoneの操作中の画面の動きを、そのまま動画として保存できる「画面収録」機能。まずは、「設定」→「コントロールセンター」→「コントロールをカスタマイズ」で、「画面収録」を有効にし、コントロールセンターを表示。画面収録ボタンをタップすると3秒後に録画が開始される。赤く表示された時計部分やステータスバーをタップすると、録画を停止できる。録画した動画は「写真」アプリに保存される。

22 共有機能を 利用しよう

データや情報の送信や投稿、保存に利用

多くのアプリで 共通するボタン

多くのアプリに備わっている「共有」ボタン。タップすることで共有シートを表示し、データのメール送信やSNSへの投稿、クラウドへの保存などを行える。基本的には別のアプリへデータを受け渡したり、オプション的な操作を行う機能だ。例えばSafariでは、Webページのリンクを送信したりブックマークに追加するといったアクションを利用できる。なお、共有シートに表示されるアプリや機能は、使用アプリによって異なる。

Safariの共有ボタンをタップしたところ。多くのアプリの共有ボタンはこのデザインで共通している

23 アプリをインストール する基本操作

まずは無料アプリを試してみよう

Apple ID登録済みなら すぐに利用可能

iPhoneは、「App Store」というアプリ配信ストアからさまざまなアプリをインストールして利用できる。初期設定などでApple IDを登録していれば、「App Store」アプリを起動してすぐにインストール可能だ。アプリの情報に「入手」と表示されているものは無料アプリなので、気軽に試してみよう。なお、有料アプリの支払い方法やApp Storeの各種機能については、P062以降で解説している。

入手

タップしてApple IDの認証作業を済ませればすぐにインストールできる

24 QRコードを 読み取る

カメラを向けるだけでOK

カメラでQRコードを読み込むと、上部にバナーが表示されるのでタップしよう

簡単に情報にアクセス できる便利機能

指定したWebサイトへの誘導やSNSの情報交換に使われる「QRコード」。iPhoneでは、標準の「カメラ」アプリですぐに読み込むことができる。カメラを起動してQRコードを捉えると、画面上部にバナーが表示され、タップして対応アプリを開くことができる。コントロールセンターにも「QRコードをスキャン」ボタンを表示できるが、ホーム画面でカメラを起動した場合と違いはない。

25 画面に表示される 文字サイズを変更する

7段階から大きさを選択

見やすさと情報量 のバランスを取ろう

iPhoneの画面に表示される文字のサイズは、「設定」→「画面表示と明るさ」→「テキストサイズを変更」で7段階から選択できる。現状の文字が読みにくければ大きく、画面内の情報量を増やしたい場合は小さくしよう。ここで設定したサイズは、標準アプリだけではなく、App Storeからインストールしたほとんどのアプリでも反映される。「画面表示と明るさ」で「文字を太くする」をオンにすれば、さらに見やすくなる。

スライダーでサイズを選択する

Section 02
標準アプリ完全ガイド

本体やiOSの基本操作を覚えたら、最もよく使う
標準アプリ（はじめからインストール
されているアプリ）の使い方をマスターしよう。

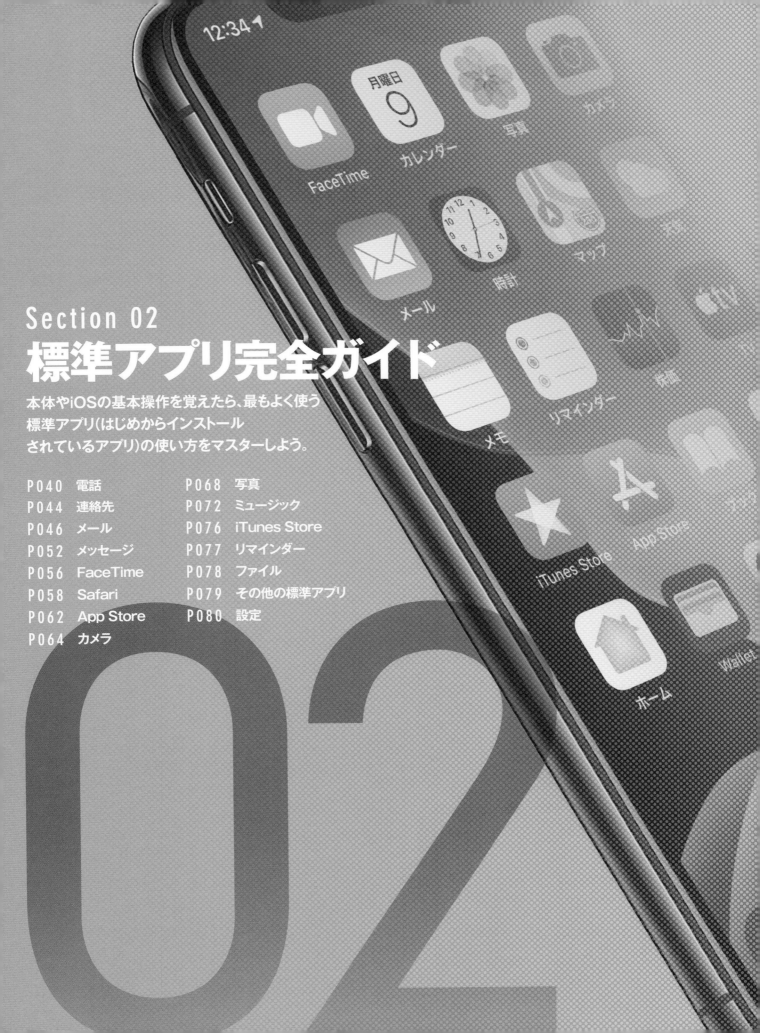

電話

「電話」アプリで電話を受ける・かける

電話アプリのさまざまな機能を使いこなそう

iPhoneで電話をかけたり、かかってきた電話を受けるには、ドックに配置された「電話」アプリを利用する。電話をかける際は、キーパッドで番号を直接入力して発信するほか、連絡先や履歴からもすばやく電話をかけられる。電話の着信時にすぐ出られない時は、折り返しの電話を忘れないようリマインダーに登録したり、定型文メッセージをSMSで送信することが可能だ。通話中は音声のスピーカー出力や消音機能を利用できるほか、通話しながらでも他のアプリを自由に操作できる。そのほか、着信拒否の設定や、着信音の変更方法も確認しておこう。

使い始め POINT

「よく使う項目」を設定して利用しよう

電話アプリの「よく使う項目」を開き、左上の「+」をタップする。

連絡先一覧が表示されるので、「よく使う項目」に登録したい連絡先を選択。発信方法として、メッセージ、電話、FaceTimeオーディオ、FaceTimeビデオ、メールなどを選択する。

「よく使う項目」に登録した連絡先と発信方法が一覧表示される。これをタップするだけで、すばやく電話をかけたりFaceTimeで発信できる

電話番号を入力して電話をかける

1 電話番号を入力して電話をかける

まずはホーム画面最下部のドックに配置されている、「電話」アプリをタップして起動しよう。

2 下部メニューのキーパッドをタップする

電話番号を直接入力してかける場合は、下部メニューの「キーパッド」をタップしてキーパッド画面を開く。

3 電話番号を入力して発信ボタンをタップする

ダイヤルキーで電話番号を入力したら、下部の発信ボタンをタップ。入力した番号に電話をかけられる。

4 通話終了ボタンをタップして通話を終える

電源ボタンを押しても通話を終了できる

通話中画面の機能と操作はP042で解説する。通話を終える場合は、下部の赤い通話終了ボタンをタップするか、本体の電源（スリープ）ボタンを押せばよい。

連絡先や履歴から電話をかける

1 連絡先から 電話をかける

下部メニュー「連絡先」をタップして連絡先の一覧を開き、電話したい相手を選択。連絡先の詳細画面で、電話番号をタップすれば、すぐに電話をかけられる。なお、連絡先の登録方法はP044以降で解説している。

2 通話履歴から 電話をかける

下部メニュー「履歴」をタップすると、FaceTimeを含め発信者履歴（不在通知も含まれる）が一覧表示される。履歴から相手をタップすれば、すぐに電話をかけることができる。

3 キーパッドで リダイヤルする

キーパッド画面で何も入力せず発信ボタンをタップすると、最後にキーパッドで電話をかけた相手の番号が表示される。再度発信ボタンをタップすれば、すぐにリダイヤルできる。

かかってきた電話を受ける／拒否する

1 電話の受け方と 着信音を即座に消す方法

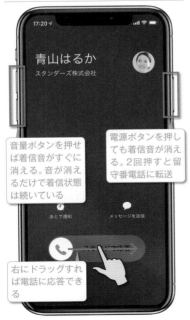

画面ロック中にかかってきた電話は、受話器アイコンを右にドラッグすれば応答できる。使用中にかかってきた場合は、「応答」か「拒否」をタップして対応する。

2 「後で通知」で リマインダー登録

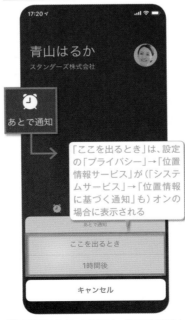

「後で通知」をタップすると、「ここを出るとき」「1時間後」に通知するよう、リマインダーアプリにタスクを登録できる。

3 「メッセージ」で 定型文を送信

「メッセージを送信」をタップすると、いくつかの定型文で、相手にメッセージを送信できる。定型文の内容は「設定」→「電話」→「テキストメッセージで返信」で編集できる。

通話中に利用できる主な機能

1 自分の声が相手に聞こえないように消音する

自分の声を一時的に相手に聞かせたくない場合は、「消音」をタップしよう。マイクがオフになり相手に音声が届かなくなる。もう一度タップして消音を解除できる。

2 通話中にダイヤルキーを入力する

宅配便の再配達サービスや各種サポートセンターなど、通話中にキー入力を求められた際にキーパッドを表示して、数字キーをタップしよう

タップして元の画面に戻る

音声ガイダンスなどでダイヤルキーの入力を求められた場合などは、「キーパッド」をタップすればダイヤルキーが表示される。「非表示」で元の画面に戻る。

3 音声をスピーカーに出力する

本体を机などに置いてハンズフリーで通話したい場合は、「スピーカー」をタップしよう。通話相手の声がスピーカーで出力される。

4 消音をロングタップして通話を保留

「消音」ボタンをロングタップすることで、通話を保留にできる。ただし、「キャッチホン」などキャリアのオプションサービス契約が必要。

5 FaceTime通話に切り替える

タップして元の画面に戻る

FaceTimeが使える相手なら、「FaceTime」ボタンをタップし、相手が応答することで、FaceTime通話に切り替えできる。終了ボタンで元の音声通話に戻る。

6 通話中でも他のアプリを自由に操作できる

iPhone X以降の場合は、緑になった時刻部分ををタップ

iPhone 8以前のモデルでは、緑になったステータスバーをタップすれば「電話」画面に戻る

通話中でもホーム画面に戻ったり、他のアプリを自由に操作できる。通話継続中は画面上部に緑のバーが表示され、これをタップすれば元の通話画面に戻る。

キャリアの留守番電話サービスを利用する

**留守番電話の利用には
オプション契約が必要**

　伝言メッセージが保存される留守番電話機能を使いたい場合は、ドコモなら「留守番電話サービス」、auなら「お留守番サービスEX」の契約が必要だ。ソフトバンクは一部プランを除いて無料の留守番電話サービスを使えるが、伝言メッセージをiPhoneに保存して、いつでも好きな順番に録音されたメッセージを再生できる「ビジュアルボイスメール」を利用するには、別途「留守番電話プラス」の契約が必要となる。料金はすべて月額300円。

まず各キャリアの留守番電話サービスを契約しよう。ソフトバンクもビジュアルボイスメールを使う場合は有料オプションの契約が必須。

1 留守番メッセージを確認する

「ビジュアルボイスメール」機能が有効なら、録音されたメッセージはiPhoneに自動保存され、電話アプリの「留守番電話」画面からオフラインでも再生できる。

2 ロック画面からでもメッセージを再生できる

ロック画面で留守番電話の通知をロングタップすれば、ビジュアルボイスメールの再生画面が表示され、タップしてメッセージを聞くことができる。

電話

その他の便利な機能、設定

＞ 履歴を削除するには

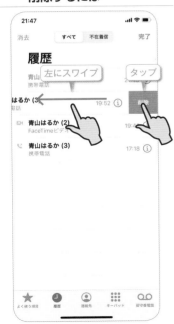

「履歴」画面で履歴を左にスワイプして「削除」をタップすれば、個別に削除できる。または、右上の「編集」→「消去」→「すべての履歴を消去」で一括削除が可能。

＞ 特定の連絡先からの着信を拒否する

履歴で拒否したい相手の「i」ボタンをタップ、または連絡先の詳細画面を開く。発着信履歴も連絡先データもない番号は、一度連絡先に登録して着信拒否設定を行う必要がある

タップすれば、電話／メッセージ／FaceTimeをすべて着信拒否できる。解除するには、同じ画面で「この発信者の着信拒否設定を解除」をタップ

「履歴」で着信拒否したい相手の「i」ボタンをタップ。連絡先の詳細が開くので、「この発信者を着信拒否」→「連絡先を着信拒否」をタップすれば着信拒否に設定できる。

＞ 相手によって着信音を変更する

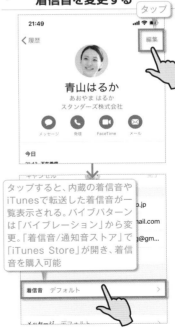

タップすると、内蔵の着信音やiTunesで転送した着信音が一覧表示される。バイブパターンは「バイブレーション」から変更。「着信音/通知音ストア」で「iTunes Store」が開き、着信音を購入可能

着信音を相手によって個別に設定したい場合は、まず「連絡先」画面で変更したい連絡先を開き「編集」をタップ。「着信音」をタップして、好きな着信音に変更すればよい。

連絡先

「連絡先」アプリで連絡先を管理する

iPhoneやAndroidスマホ からの連絡先移行は簡単

　iPhoneで連絡先を管理するには、「連絡先」アプリを利用する。機種変更などで連絡先を移行したい場合、移行元がiPhoneやiPadであれば、同じApple IDでiCloudにサインインして、「連絡先」をオンにするだけで、簡単に連絡先の内容を移行元とまったく同じ状態にできる。また、移行元がAndroidスマホであっても、iCloudの代わりにGoogleアカウントを追加して、「連絡先」をオンにするだけで、連絡先を移行可能だ。なお、iPhoneで連絡先を作成したり編集、削除することは可能だが、グループの作成と振り分け、削除した連絡先の復元などは、パソコンで行う必要がある。

使い始め POINT

機種変更で連絡先を引き継ぐ

● iPhone／iPadから 連絡先を引き継ぐ

連絡先の移行元がiPhoneやiPadであれば、まず移行元の端末で「設定」の一番上のApple ID画面を開き、「iCloud」→「連絡先」をオンにする。次に移行先のiPhoneで、移行元と同じApple IDでサインインし、同じ「連絡先」のスイッチをオンにする。これで移行元と同じ連絡先が利用できる。

● Androidスマホから 連絡先を引き継ぐ

移行元がAndroidスマホなら、連絡先はGoogleアカウントに保存されているはずだ。移行先のiPhoneで「設定」→「パスワードとアカウント」→「アカウントを追加」→「Google」をタップし、Googleアカウントを追加。「連絡先」をオンにしておけば、Googleアカウントの連絡先が同期される。

新しい連絡先を作成する

1 新規連絡先を 作成する

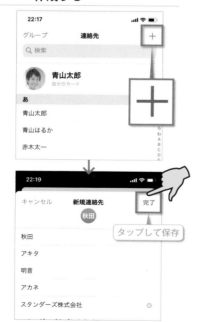

新しい連絡先を作成するには右上の「＋」をタップ。名前や電話番号を入力し、「完了」をタップで保存できる。「写真を追加」をタップすれば、この連絡先に写真を設定できる。

2 複数の電話やメール、 フィールドを追加

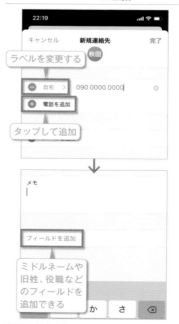

「電話を追加」「メールを追加」で複数の電話やメールアドレスを追加できる。下部の「フィールドを追加」で入力項目を増やすことも可能だ。

使いこなしヒント

新規連絡先の保存先を Googleアカウントに変更する

上記「使い始めPOINT」の通り、Androidスマホから移行した連絡先は、Googleアカウントに保存されている。しかし、iPhoneで連絡先を新規作成すると、デフォルトではiCloudアカウントに保存してしまう。このままだと、移行した連絡先とiPhoneで作成した連絡先の保存先が異なってしまい管理が面倒だ。そこで、iPhoneで新規作成した連絡先の保存先を、Googleアカウントに変更しておこう。「設定」→「連絡先」→「デフォルトアカウント」で「Gmail」にチェックしておけば、新規作成した連絡先はGoogleアカウントに保存されるようになる。

連絡先を編集、削除、復元する

1 登録済みの連絡先を編集する

連絡先をひとつ選んで開き、右上の「編集」をタップすれば編集モードになり、登録済みの内容を編集できる。

2 不要な連絡先を削除する

編集モードで下までスクロールして「連絡先を削除」→「連絡先を削除」をタップすれば、この連絡先を削除できる。

3 パソコンで効率よく連絡先を作成、編集する

Webブラウザでhttps://www.icloud.com/にアクセスし、iPhoneと同じApple IDでサインインしたら、「連絡先」をクリック

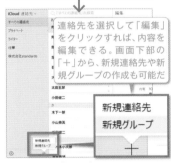

連絡先を選択して「編集」をクリックすれば、内容を編集できる。画面下部の「＋」から、新規連絡先や新規グループの作成も可能だ

パソコンのWebブラウザでiCloud.comにアクセスして「連絡先」を開けば、iPhoneで入力するよりも効率的に連絡先を編集できる。複数の連絡先を選択して一括削除も可能だ。また、iPhoneの連絡先アプリではできない、グループの作成と振り分けも行える。

4 削除した連絡先を復元する

パソコンのWebブラウザでhttps://www.icloud.com/にサインインし、「アカウント設定」→「連絡先の復元」をクリック

連絡先のバックアップが一覧表示されるので、復元したい日時のデータを選び、「復元」をクリックで復元できる

誤って削除した連絡先は、iCloud.com（https://www.icloud.com/）の「設定」を開き、詳細設定欄にある「連絡先の復元」から復元可能だ。復元したい日時を選択しよう。

その他の便利な操作法

連作先で「自分の情報」を設定する

「設定」→「連絡先」→「自分の情報」で自分の連絡先を指定しておけば、連絡先の最上部に、「自分のカード」として自分の連絡先が表示されるようになる。

連絡先を他のユーザーに送信する

送信したい連絡先を開き、「連絡先を送信」をタップ。相手がiPhoneやiPadなら「AirDrop」機能で送信できる。その他のユーザーにはメールやメッセージで送信しよう。

重複した連絡先を結合する

同じ連絡先の情報が重複している場合は、1つを選んで「編集」→「連絡先をリンク」をタップ。重複しているもう一つの連絡先を選択して「リンク」をタップすれば結合できる。

メール

自宅や会社のメールもこれ一本でまとめて管理

まずは送受信したいメールアカウントを追加していこう

iPhoneに標準搭載されている「メール」アプリは、自宅のプロバイダメールや会社のメール、ドコモ／au／ソフトバンクの各キャリアメール、GmailやiCloudメールといったメールサービスなど、複数のアカウントを追加してまとめて管理できる便利なアプリだ。まずは「設定」→「パスワードとアカウント」→「アカウントを追加」で、メールアプリで送受信したいアカウントを追加していこう。iCloudメールやGmailなどは、アカウントとパスワードを入力するだけで追加できる簡易メニューが用意されているが、自宅のプロバイダメールや会社のメールアカウントは「その他」から手動で設定する必要がある。

使い始め POINT

「設定」でアカウントを追加する

メールアプリで送受信するアカウントを追加するには、まず「設定」アプリを起動し、「パスワードとアカウント」→「アカウントを追加」をタップ。Gmailは「Google」をタップしてGmailアドレスとパスワードを入力すれば追加できる。自宅や会社のメールは「その他」をタップして下記手順の通り追加する。

● **キャリアメールを追加するには**

ドコモメール（@docomo.ne.jp）、auメール（@au.com／@ezweb.ne.jp）、ソフトバンクメール（@i.softbank.jp）を使うには、Safariでそれぞれのサポートページにアクセスし、設定を簡単に行うための「プロファイル」をインストールすればよい。初めてキャリアメールを利用する場合はランダムな英数字のメールアドレスが割り当てられるが、アカウントの設定時に好きなアドレスに変更できる。

自宅や会社のメールアカウントを追加する

1 メールアドレスとパスワードを入力する

「設定」→「パスワードとアカウント」→「アカウントを追加」→「その他」→「メールアカウントを追加」をタップ。自宅や会社のメールアドレス、パスワードなどを入力し、右上の「次へ」をタップする。

2 受信方法を選択しサーバ情報を入力

受信方法を選択し、IMAPもしくはPOPサーバおよびSMTPサーバ情報を入力後、「保存」をタップ

受信方法を「IMAP」と「POP」から選択。対応していればIMAPがおすすめだが、ほとんどの場合はPOPで設定する。プロバイダや会社から指定されている、受信サーおよび送信サーバ情報を入力しよう。

3 メールアカウントの追加を確認

アカウントを確認

サーバとの通信が確認されると、元の「パスワードとアカウント」設定画面に戻る。追加したメールアカウントがアカウント一覧に表示されていればOK。

受信したメールを読む、返信する

1 メールアプリをタップして起動する

アカウントの追加を済ませたら、「メール」アプリを起動しよう。アイコンの右上にある②などの数字（バッジ）は、未読メール件数。

2 メールボックスをタップして開く

メールボックス画面では、追加したアカウントごとのメールを確認できるほか、「全受信」をタップすれば、すべてのアカウントの受信メールをまとめて確認できる。

3 読みたいメールをタップする

メールボックス一覧に戻る

下にスワイプして新着メールチェック

メールボックスを開くと受信メールが一覧表示されるので、読みたいメールをタップしよう。画面を下にスワイプすれば、手動で新着メールをチェックできる。

4 メール本文を開いて読む

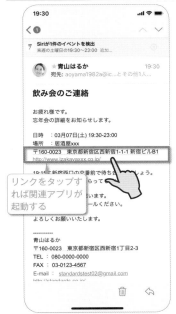

リンクをタップすれば関連アプリが起動する

件名をタップするとメール本文が表示される。住所や電話番号はリンク表示になり、タップするとブラウザやマップが起動したり、電話を発信できる。

5 返信・転送メールを作成するには

右下の矢印ボタンから「返信」「全員に返信」「転送」メールなどを作成できる。「ゴミ箱」で削除したり、「フラグ」で重要なメールに印を付けることもできる。

6 返信メールは会話形式で表示される

会話形式が使いづらい場合は、「設定」→「メール」→「スレッドにまとめる」をオフにしよう

同じ件名で返信されたメールは、一つの画面でまとめて表示され、会話形式で表示される。右上の「∧」「∨」ボタンで前の／次のメールに移動する。

7 メールに添付されたファイルを開く

タップしてプレビュー表示

タップして保存

添付ファイルが写真やPDF、オフィス文書の場合は、タップしてダウンロード後にプレビュー表示可能。また、ロングタップすればメニューが表示され、保存や別アプリで開くなど、さまざまな操作を行える。

新規メールを作成、送信する

1 新規メール作成ボタンをタップする

新規メールを作成するには、画面右下にあるボタンをタップ。メールの作成画面が開く。

2 宛先を入力、または候補から選択する

「宛先」欄にメールアドレスを入力する。または、名前やアドレスの一部を入力すると、連絡先に登録されているデータから候補が表示されるので、これをタップして宛先に追加する。

3 複数の相手に同じメールを送信する

リターンキーで宛先を確定させると、自動的に区切られて他の宛先を入力できるようになる。複数の宛先を入力し、同じメールをまとめて送信することが可能だ。

4 宛先にCc／Bcc欄を追加する

複数の相手にCcやBccでメールを送信したい場合は、宛先欄の下の「Cc/Bcc,差出人」欄をタップすれば、Cc、Bcc、差出人欄が個別に開いてアドレスを入力できる。

5 差出人アドレスを変更する

複数アカウントを設定しており、差出人アドレスを変更したい場合は、「差出人」欄をタップ。下部のアドレス一覧をスクロールすれば差出人を変更できる。

6 件名、本文を入力して送信する

宛先と差出人を設定したら、あとは件名と本文を入力して、右上の送信ボタンをタップすれば、メールを送信できる。

下書きメール／ファイルの添付

> 作成中のメールを下書き保存する

タップして保存。保存した下書きは、新規メール作成ボタンをロングタップして呼び出し再編集できる

左上の「キャンセル」をタップして「下書きを保存」で作成中のメールを下書き保存できる。下書きメールを呼び出すには、新規メール作成ボタンをロングタップする。

> 写真やファイル、手書きスケッチを添付する

写真やビデオ、ファイル、カメラで撮影した書類、手書きで描画したスケッチなどを添付できる

本文内をダブルタップすると表示されるメニューか、またはキーボード上のショートカットボタンから、さまざまなファイルを添付できる。

> 大きなサイズのファイルを送信する

添付ファイルのサイズが大きすぎる場合はこのようなメニューが表示されるので、「Mail Dropを使用」をタップ。100MB以上のファイルを添付する際はWi-Fi接続でないと送信できないので注意しよう

サイズが巨大なファイルでも、送信時に「Mail Dropを使用」をタップすれば、相手には30日以内ならいつでもファイルをダウンロードできるリンクを送信する。

※実際はこの位置

キーワード検索／フィルタ機能

> メールをキーワード検索する

検索欄が表示されない場合は画面を下にスワイプ

現在のメールボックスから検索するならこちらをタップ

メール一覧の上部「検索」欄で、メールの本文／宛先／件名などをキーワード検索できる。現在のメールボックスのみに絞って検索することも可能。

> フィルタ機能でメールを絞り込む

タップ

タップしてフィルタ条件を変更

メール一覧画面で左下のフィルタボタンをタップすると、「未開封」などの条件で表示メールを絞り込める。フィルタ条件を変更するには「適用中のフィルタ」をタップ。

フィルタを適用するアカウントを選択できる他、適用する項目、宛先、添付ファイル付きのみ、VIPからのみ、といったフィルタ条件を変更できる。

メールを操作、整理する

大量の未読メールを まとめて既読にする

大量にたまった未読メールは、メール一覧画面の「編集」をタップし、「すべてを選択」→「マーク」→「開封済みにする」をタップすれば、まとめて既読にできる。

重要なメールは 「フラグ」を付けて整理

重要なメールは、右下の返信ボタンから「フラグ」をタップし、好きなカラーのフラグを付けておこう。メールボックス一覧の「フラグ付き」で、フラグを付けたメールのみ表示できる。

メールを左右に スワイプして操作する

メール一覧画面で、メールを右にスワイプすると開封／未開封、左にスワイプすると「その他」「フラグ」「ゴミ箱」操作を行える。Gmailの場合は「ゴミ箱」の部分が「アーカイブ」となる。

メールを他のフォルダに 移動する

右下の返信ボタンから「メッセージを移動」で、メールを他のフォルダに移動できる。左上の「アカウント」をタップすれば、他のメールアカウントのフォルダも選べる。

すべての送信済みメール も表示する

メールボックス一覧の「編集」をタップし、「すべての送信済み」にチェックすれば、「全受信」と同様にすべてのアカウントの送信済みメールを、まとめて確認できる。

メール内容から連絡先や イベントを追加する

メール本文に連絡先やイベントが含まれていると、メールの上部にバナーが表示される。これをタップすれば、すばやく連絡先やイベントを追加できる。

より便利に使う設定や操作法

> デフォルトの差出人を設定する

新規メールを作成する際のデフォルトの差出人アドレスは、「設定」→「メール」→「デフォルトアカウント」をタップすれば、他のアドレスに変更できる。

> 「iPhoneから送信」の署名を変更する

メール作成時に本文に挿入される「iPhoneから送信」という署名は、「設定」→「メール」→「署名」で変更できる。アカウントごとに個別の署名を設定可能だ。

> メール削除前に確認するようにする

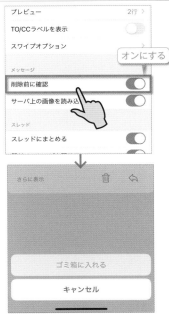

「設定」→「メール」→「削除前に確認」をオンにしておくと、メールを削除する際に、「ゴミ箱に入れる」という確認メッセージが表示されるようになる。

> ロック画面にメールの内容を表示させない

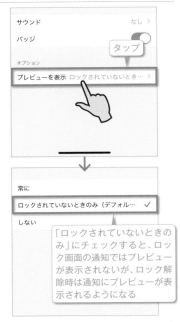

「設定」→「通知」→「メール」でアカウントを選択し、「プレビューを表示」をタップ。「ロックされていないときのみ」か「しない」にチェックしておけば、ロック画面などの通知にメール内容がプレビュー表示されなくなる。

> 添付の写真やPDFに書き込んで返信する

添付の写真やPDFをタップしてプレビュー表示し、続けて画面右上のマークアップボタンをタップ。写真やPDFにフリーハンドで書き込みを行い、メールに添付して返信できる。

> 特定の相手のメールを受信拒否する

差出人名をタップして連絡先の詳細を開き、「この連絡先を受信拒否」→「この連絡先を受信拒否」をタップしておけば、この相手からのメールを受信拒否できる。

メッセージ

「メッセージ」で使える3種類のサービスを知ろう

宛先によって使うサービスが自動で切り替わる

　「メッセージ」は、LINEのように会話形式でメッセージをやり取りできるアプリ。このアプリを使って、iPhone、iPad、Mac相手に送受信きる「iMessage」、電話番号で送受信する「SMS」、キャリアメール（@au.com／@ezweb.ne.jp、@softbank.ne.jp）で送受信する「MMS」の、3種類のメッセージサービスを利用できる。使用するサービスは自分で選択するのではなく、メッセージアプリが宛先から判断して自動で切り替える仕組み。それぞれのサービスの特徴、切り替わる条件、どのサービスでやり取りしているかの確認方法を右にまとめている。

使い始め POINT

送受信できるメッセージの種類と条件

iMessage　iOS／Macユーザー宛てに送信

iMessage機能を有効にしたiPhone、iPad、Mac相手に無料でメッセージをやり取りできる。画像や動画の添付も可能。宛先は電話番号またはApple IDのメールアドレス（アドレスは追加可能）で、画像や動画、音声の添付はもちろん、ステッカーやエフェクト、開封証明や位置情報の送信など、多彩な機能を利用できる。

SMS　電話番号宛てにテキストを送信

スマートフォンやガラケーの電話番号宛てに全角70文字までのテキストを送信できる。画像などは添付できず、1通あたり3円の料金がかかる。

MMS　Android端末やパソコンのメールに送信

Androidスマートフォンやパソコンのメールアドレス宛てに画像、動画を添付したメッセージを無料で送信できる。ただしMMSアドレスを使えるのはauとソフトバンクのみ。ドコモ版はMMS非対応なので、iPhone、iPad、Mac以外の相手とメッセージアプリで画像や動画をやり取りできない。「メール」アプリを利用しよう。

使用中のメッセージサービスの見分け方

● iMessage

iMessageで送信したメッセージは、自分のフキダシが青色になる

● SMS／MMS

SMSまたはMMSで送信したメッセージは、自分のフキダシが緑色になる

---

iMessage／MMSを利用可能な状態にする

> iMessageを利用可能な状態にする

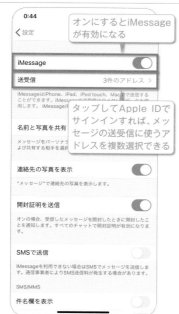

オンにするとiMessageが有効になる

タップしてApple IDでサインインすれば、メッセージの送受信に使うアドレスを複数選択できる

「設定」→「メッセージ」で「iMessage」をオン。「送受信」をタップしApple IDでサインインを済ませれば、電話番号以外にApple IDでも送受信が可能になる。

>

「設定」でApple IDをタップ

「名前、電話番号、メール」→「編集」→「メールまたは電話番号を追加」で、新しい送受信アドレスを追加できる

電話番号とApple ID以外の送受信アドレスは、「設定」上部のApple IDをタップして開き、「名前、電話番号、メール」→「編集」をタップして追加できる。

> MMSを利用可能な状態にする

オンにする。ドコモ版だと、MMS関連の項目は表示されず設定できない

キャリアメールアドレスを入力

au／ソフトバンクのiPhoneのみ、「設定」→「メッセージ」で「MMSメッセージ」をオンに、「MMSメールアドレス」にキャリアメールを入力しておけば、MMSを利用できる。

メッセージアプリでメッセージをやり取りする

1 新規メッセージを作成する

iMessageやMMSの設定を済ませたら、「メッセージ」アプリを起動しよう。右上のボタンをタップすると、新規メッセージの作成画面が開く。

2 宛先を入力または連絡先から選択する

「宛先」欄で宛先を入力するか、「+」ボタンで連絡先から選択しよう。iMessageを利用可能な相手は、青い文字で表示される。

3 メッセージを入力して送信する

メッセージ入力欄にメッセージを入力して、右端の「↑」ボタンをタップすれば、メッセージが送信される。相手とのやり取りは吹き出しの会話形式で表示される。

4 メッセージで写真やビデオを送信する

入力欄下のAppパネルから写真ボタンをタップすると、端末内の写真やビデオを選択して送信できる。またカメラボタンをタップすれば、写真やビデオを撮影して送信できる。

5 メッセージに動きやエフェクトを加えて送信

送信（「↑」）ボタンをロングタップすれば、フキダシや背景にさまざまな特殊効果を追加する、メッセージエフェクトを利用できる。

6 メッセージにリアクションする

メッセージの吹き出しや写真などをダブルタップすると、ハートやいいねなどのマークで、メッセージに対して簡単にリアクションすることができる。

の中: メッセージ / 検索 / 青山はるか こんにちは / NTT DOCOMO [セキュリティコード]716602 [有効期限]02/12 08:26... / Apple お客様の Apple ID 確認コードは次です：602119 / +80434 お客様の Apple ID 確認コードは次の通りです：401285 / +81 80 2180 5511 お客様の Apple ID 確認コードは次の通りです：640740 / 青山はるかと青山太郎 GW旅行連絡用ですー / 0032069062 確認コード：6716 上記番号を入力ください。... / 青山太郎 お疲れ様です / タップ

の中: 新規メッセージ キャンセル / 宛先：青山 / 青山はるか standardstest02@gmail.com / 青山太郎 aoyama1982a@gmail.com / 青山はるか standardstest02+img@gmail.com / 青山はるかと青山太郎 / 青山健一 080 1111 1111 / iMessageで送信できる相手は青い文字、SMS／MMSの送信になる相手は緑の文字で表示される

の中: 新規iMessage キャンセル / 宛先：青山はるか / いーな いーな / よろしくです！ / タップ

の中: プレス、またはロングタップ / おめでとう！ / エフェクトをつけて送信 / 吹き出し スクリーン / おめでとう！

の中: よろしくです！ / おk / こんにちは / おめでとう！ / ありがとうございます / 吹き出しをダブルタップ

ステッカーでキャラクターやイラストを送信する

1 ステッカーをインストールする

LINEのスタンプのように、キャラクターやアニメーションでコミュニケーションできる「ステッカー」機能。AppパネルにあるApp Storeボタンをタップすると、iMessageで使えるApp Storeが開く。使いたいステッカーを探してインストールしよう。

2 メッセージにステッカーを貼る

ステッカーは選択してそのまま送信できるほか、ドラッグして吹き出しや写真に重ねることもできる

インストールしたステッカーは、Appパネルに一覧表示される。ステッカーを選んで送信するか、またはドラッグして吹き出しや写真に重ねよう。

3 ステッカーの表示や並び順を変更する

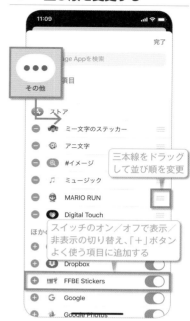

三本線をドラッグして並び順を変更

スイッチのオン／オフで表示／非表示の切り替え、「＋」ボタンよく使う項目に追加する

ステッカーが見当たらない時は、Appパネルの一番右端にある「…」をタップし、「編集」をタップ。ステッカーやアプリの並び順や、表示／非表示を変更できる。

アニ文字やミー文字を利用する

1 アニ文字で自分の表情と声を送る

Appパネルのアニ文字ボタン（猿のアイコン）をタップし、キャラを選択して、赤い丸ボタンで録画。自分の表情に合わせてキャラの表情も変わる

iPhone X以降では、顔の動きに合わせて表情が動くキャラクターを音声と一緒に送信できる「アニ文字」を利用できる。好きなキャラを選択し、表情と声を録画して送ろう。

2 ミー文字で自分の分身キャラを作る

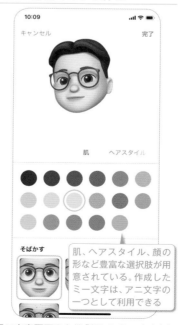

肌、ヘアスタイル、顔の形など豊富な選択肢が用意されている。作成したミー文字は、アニ文字の一つとして利用できる

アニ文字画面の左端「新しいミー文字」をタップすれば、自分でパーツを自由に組み合わせたキャラクター「ミー文字」を作成できる。自分そっくりのキャラに仕上げよう。

使いこなしヒント

ステッカーやアニ文字はFaceTimeでも使える

ステッカーやアニ文字／ミー文字は、FaceTimeビデオでも利用できる。FaceTimeビデオの通話中に、左下のカメラエフェクトボタンをタップし、続けてステッカーやアニ文字ボタンをタップすればよい。その他、エフェクトを適用したり、テキストを重ねることもできる。

3人以上のグループでメッセージをやり取りする

1 複数の連絡先を入力する

メッセージアプリでは、複数人でグループメッセージをやり取りすることも可能だ。新規メッセージを作成し、「宛先」欄に複数の連絡先を入力すればよい。

2 グループメッセージを開始する

自動的にグループメッセージが開始される。宛先の全メンバー間でメッセージや写真、動画などを投稿でき、一つの画面内で会話できるようになる。

3 詳細画面で連絡先を追加する

メッセージ画面の上部のユーザー名をタップし、「i（情報）」ボタンをタップすると、グループに連絡先（新たなメンバー）を追加したり、グループに名前を付けられる。

メッセージ

その他メッセージで使える便利な機能

Digital Touchを使う

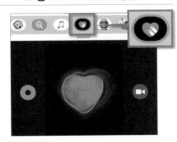

Appパネルのハートボタンをタップすると、手書きやジェスチャーでアニメーションを送信できる。

手書きでメッセージを送る

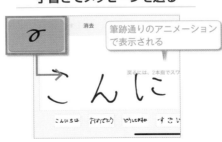

「画面縦向きのロック」がオフの状態で本体を横向きにし、手書きキーをタップすると、手書きでメッセージを送信できる。

メッセージ内で写真を加工する

入力欄左のカメラボタンで写真を撮影し、左下のエフェクトボタンをタップすると、写真を編集して送信できる。

対応アプリのデータを送信する

iMessage対応アプリをインストールしていればAppパネル上に表示され、メッセージアプリ内で起動・連携できる。

特定の相手の通知をオフにする

メッセージ一覧でスレッドを左にスワイプし「通知を非表示」をタップすると、この相手の通知を非表示にできる。

詳細な送受信時刻を確認する

メッセージ画面を左にスワイプすると、普段は表示されない各メッセージの送受信時刻が、右端に表示される。

FaceTime

iOS同士やMac相手なら無料でビデオ通話や音声通話ができる

高品質なビデオ／音声通話を無料で楽しめる

「FaceTime」は、ネット回線を通じて無料でビデオ通話や音声通話ができるアプリだ。通話できる相手は、iPhoneやiPadなどのiOSデバイス、またはMacユーザーに限られるが、Wi-Fi接続時はもちろん、モバイルデータ通信時でも高品質な通話が行え、通話料なども一切かからないので、よく連絡する相手がiPhone／iPadユーザーであれば積極的に活用しよう。通話は「FaceTime」アプリを使うほか、「電話」アプリからも発信可能だ。ビデオ通話中に、ステッカーやアニ文字／ミー文字を使ったり（P054で解説）、エフェクトを適用することもできる。

（P054で解説）

使い始め POINT

左がFaceTimeビデオ、右がFaceTimeオーディオのボタン

電話アプリからFaceTimeを発信する

● 連絡先のボタンをタップして発信
「電話」アプリの「連絡先」で相手を選び、「FaceTime」欄のボタンをタップすれば、FaceTimeビデオもしくはFaceTimeオーディオで発信できる。

携帯
080

FaceTime

● 「よく使う項目」に追加して発信
連絡先の情報画面の下の方にある「よく使う項目に追加」をタップ。「電話」もしくは「ビデオ通話」の「∨」ボタンをタップし、「FaceTime」を選択。これで、電話の「よく使う項目」から素早く発信することが可能になる。

よく使う項目

青山太郎
携帯・FaceTime ⓘ

青山太郎 ⓘ

● 発信ボタンをロングタップして発信
キーパッドで電話番号を入力し、発信ボタンをロングタップ。相手がFaceTimeに対応していれば、「FaceTimeビデオ」「FaceTimeオーディオ」のメニューを選択し、発信できる。

FaceTimeオーディオ

ロングタップ

FaceTimeを利用可能な状態にする

1 設定で「FaceTime」をオンにする

オンにするとFaceTimeが有効になる

タップしてApple IDでサインインすれば、FaceTimeの送受信に使うアドレスを複数選択できる

「設定」→「FaceTime」で「FaceTime」をオン。「FaceTimeにApple IDを使用」をタップしサインインを済ませれば、電話番号以外にApple IDでも送受信が可能になる。

2 AppleIDのアドレスを発着信アドレスにする

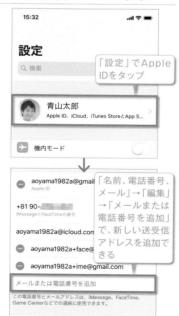

「設定」でApple IDをタップ

「名前、電話番号、メール」→「編集」→「メールまたは電話番号を追加」で、新しい送受信アドレスを追加できる

電話番号とApple ID以外の送受信アドレスは、「設定」上部のApple IDをタップして開き、「名前、電話番号、メール」→「編集」をタップして追加できる。

使いこなしヒント

iPadで同じApple IDを使っている場合の注意点

iPad側はオフにしておく

または、iPhoneと異なる発着信アドレスにチェックしておく

iPhoneとiPadのFaceTimeに同じApple IDを使っていると、FaceTimeの着信音が両方で鳴ってしまう。これを防ぐには、iPadのFaceTimeをオフにしてしまうか、またはiPhoneとは別のメールアドレスをiPadのFaceTime発着信アドレスに設定すればよい。

FaceTimeでビデオ／音声通話を発信する

1 FaceTime 通話をかける

FaceTimeアプリを起動したら、右上の「＋」ボタンから宛先を入力し、「オーディオ」または「ビデオ」をタップして発信しよう。

2 FaceTimeビデオの 通話画面

タップして通話終了

FaceTimeビデオの通話中は、右上に自分の映像が表示され、下部にはシャッターボタンや、エフェクト／消音／反転／終了の各種メニューボタンが表示される。

3 通話中画面の メニューと機能

上にスワイプ

メニューボタンのパネル部分を上にスワイプすると、カメラオフやスピーカーといった機能を利用できるほか、「参加者を追加」でグループ通話も行える。

かかってきたFaceTimeに応答する／拒否する

1 FaceTimeの受け方と 着信音を即座に消す方法

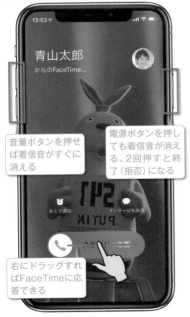

音量ボタンを押せば着信音がすぐに消える

電源ボタンを押しても着信音が消える。2回押すと終了（拒否）になる

右にドラッグすればFaceTimeに応答できる

画面ロック中にかかってきたFaceTime通話は、受話器アイコンを右にドラッグすれば応答できる。使用中にかかってきた場合は、「応答」か「拒否」をタップして対応する。

2 「後で通知」で リマインダー登録

あとで通知

「ここを出るとき」は、設定の「プライバシー」→「位置情報サービス」が（「システムサービス」→「位置情報に基づく通知」も）オンの場合に表示される

あとで通知

ここを出るとき

1時間後

キャンセル

「後で通知」をタップすると、「ここを出るとき」「1時間後」に通知するよう、リマインダーアプリにタスクを登録できる。

3 「メッセージ」で 定型文を送信

メッセージを送信

iMessageやSMSを送信

返信内容:

現在電話に出られません。

向かっています。

あとでかけ直します。

カスタム...

キャンセル

「メッセージを送信」をタップすると、いくつかの定型文で、相手にメッセージを送信できる。定型文の内容は「設定」→「電話」→「テキストメッセージで返信」で編集できる。

Safari

標準ブラウザでWebサイトを快適に閲覧する

さまざまな便利機能を備える標準ブラウザを使いこなそう

　Webサイトを閲覧するには、標準で用意されているWebブラウザアプリ「Safari」を使おう。SafariでWebページを検索するには、アドレスバーにキーワードを入力すればよい。その他、複数ページのタブ切り替え、よく見るサイトのブックマーク登録、ページ内のキーワード検索、過去に見たサイトの履歴表示といった、基本操作を覚えておこう。また、後でオフラインでも読めるようにページを保存しておく「リーディングリスト」や、履歴を残さずWebページを閲覧できる「プライベートモード」など、便利な機能も多数用意されている。

使い始め POINT

タブで複数のサイトを同時に開いておける

Safariでは、タブによって複数のサイトを開いておける。開いておけるタブの数に上限はなく、まだ読んでいないページや気になるページを残したままで、他のページを閲覧することが可能だ。右下のタブボタンをタップすると、現在開いているタブが一覧表示されるので、タップして表示ページを切り替えよう。「+」をタップすると新しいタブを開ける。また、不要なタブは「×」をタップして閉じる。

Webページをキーワードで検索して閲覧する

1 アドレスバーにキーワードを入力して検索する

まずは画面上部のアドレスバーをタップ。キーワードを入力して「開く」をタップすると、Googleでの検索結果が表示される。URLを入力してサイトを直接開くこともできる。

2 前のページに戻る、次のページに進む

左下の「<」「>」ボタンで、前の／次のページを表示できる。またはロングタップすれば、履歴からもっと前の／次のページを選択して開くことができる。

3 文字が小さい画面はピンチ操作で拡大表示できる

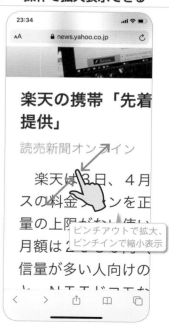

二本の指を外側に押し広げる操作（ピンチアウト）で画面を拡大表示、逆に外から内に縮める操作（ピンチイン）で縮小表示できる。

タブを操作する

1 リンク先を 新しいタブで開く

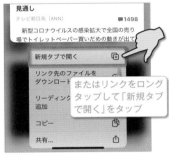

ページ内のリンクを2本指でタップするか、ロングタップして「新規タブで開く」をタップすれば、リンク先を新しいタブで開くことができる。タブの切替方法は、左ページの「使い始めPOINT」を参照。

2 開いているすべてのタブを まとめて閉じる

開いているすべてのタブをまとめて閉じるには、タブボタンをロングタップして、表示されるメニューで「○個のタブをすべてを閉じる」をタップすればよい。

3 一定期間見なかった タブを自動で消去

開きっぱなしのタブを自動で閉じるには、「設定」→「Safari」→「タブを閉じる」をタップ。最近表示していないタブを1日／1週間／1か月後に閉じるよう設定できる。

よく利用するサイトをブックマーク登録する

1 表示中のページを ブックマーク登録する

下部の共有ボタンから「ブックマークを追加」をタップし、「場所」欄で保存先フォルダを指定。「保存」をタップすると、表示中のページをブックマーク登録できる。

2 ブックマークから サイトを開く

下部のブックマークボタンをタップすれば、追加したブックマーク一覧が表示される。ブックマークをタップすれば、すぐにそのサイトにアクセスできる。

3 開いているタブを まとめてブックマーク

今開いているタブをすべてブックマーク登録したい場合は、ブックマークボタンをロングタップし、続けて「○個のタブをブックマークに追加」をタップする。

ページ内をキーワード検索する／画像を保存する

> ### 表示中のページ内を
> ### キーワードで検索する

表示中のページ内から、特定の文字列をキーワード検索するには、下部の共有ボタンをタップして、「ページを検索」をタップする。

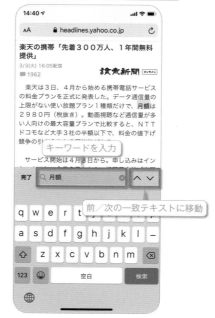

キーボード上部の検索欄にキーワードを入力すれば、ページ内で一致するテキストがハイライト表示される。検索欄右のボタンで、前／次の一致テキストに移動する。

> ### ページ内の画像を
> ### 保存する

Webページの画像を端末内に保存したい場合は、画像をロングタップして、表示されたメニューで「"写真"に追加」をタップすればよい。画像は「写真」アプリに保存される。

昨日見たサイトをもう一度見るには

1 ブックマークの
「履歴」をタップする

下部のブックマークボタンをタップしたら、上部メニューの右端にある時計マークをタップして、履歴画面に切り替えよう。

2 過去に閲覧したWeb
ページを確認できる

過去の閲覧ページが一覧表示され、タップすればそのページにアクセスできる。「履歴を検索」でキーワード検索、「消去」をタップで履歴の消去が可能だ。

3 最近閉じたタブを
復元する

新規タブ作成の「＋」をロングタップすれば、最近閉じたタブが一覧表示される。誤って閉じたタブをすぐに復元したい場合はこの方法が便利。

その他Safariを使いこなすための便利な機能

＞ パソコン向けの Webページを表示する

アドレスバー左の「AA」→「デスクトップ用Webサイトを表示」をタップすれば、モバイル向けに簡略化されたWebページではなく、パソコンで見るのと同じ画面で表示できる。

＞ オフラインでも読めるようにWebページを保存する

共有メニューの「リーディングリストに追加」で表示中のページを保存できる。保存したページは、ブックマーク画面のリーディングリストタブから読むことができる。

＞ 履歴を残さずに Webページを閲覧する

タブ一覧で「プライベート」をタップすると、見たページの履歴を残さずにWebページを閲覧できる。もう一度「プライベート」をタップで通常モードに戻る。

＞ iPadで開いているタブを iPhoneでも開く

iPhone／iPadとも、iCloud（P026で解説）の設定で「Safari」がオンなら、タブ一覧画面の下部にiPadで開いているタブのタイトルが表示され、タップしてiPhoneでも開くことができる。

＞ ページ全体の画面を PDFとして保存する

まずスクリーンショットを撮影し、左下のプレビューをタップ。「フルページ」タブに切り替えて「完了」をタップし、「"PDFを"ファイル"に保存」をタップすれば、Webページ全体をPDFとして保存できる。

＞ 複数ページの記事を 1画面でまとめて読む

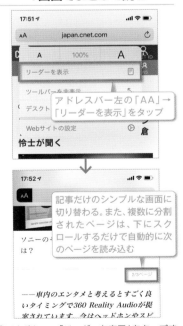

「AA」ボタン→「リーダーを表示」をタップすると、広告などが排除され記事内容のみを読めるほか、複数に分割されたページもスクロールするだけで連続して読み込める。

App Store

さまざまな機能を備えたアプリを手に入れよう

便利な無料／有料アプリをiPhoneに追加する

iPhoneでは、標準でインストールされているアプリを使う以外にも、この「App Store」アプリから、他社製のアプリを探してインストールすることができる。App Storeには膨大な数のアプリが公開されており、漠然と探してもなかなか目的のアプリは見つからないので、「Today」「ゲーム」「App」画面やキーワード検索を使い分けて、欲しい機能を備えたアプリを見つけ出そう。なお、App Storeを利用するにはApple IDが必須なので、あらかじめ設定しておこう。また有料アプリの購入には、クレジットカードなどの登録が必要となる。

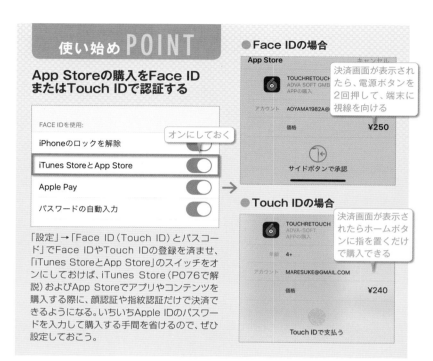

使い始め POINT

App Storeの購入をFace IDまたはTouch IDで認証する

「設定」→「Face ID（Touch ID）とパスコード」でFace IDやTouch IDの登録を済ませ、「iTunes StoreとApp Store」のスイッチをオンにしておけば、iTunes Store（P076で解説）およびApp Storeでアプリやコンテンツを購入する際に、顔認証や指紋認証だけで決済できるようになる。いちいちApple IDのパスワードを入力して購入する手間を省けるので、ぜひ設定しておこう。

欲しいアプリを検索する

1 まずは下部にある各種タブをチェック

下部メニューの「Today」では、おすすめアプリを日替わりで紹介。ゲームは「ゲーム」画面、その他のアプリは「App」画面で、カテゴリ別やランキング順に探せる。

2 ランキングからアプリを探すには

ランキングから探したい場合は、「App」画面で「トップ有料」や「トップ無料」の「すべて表示」をタップ。右上の「すべてのApp」でカテゴリを絞り込める。

3 欲しい機能はキーワード検索で探す

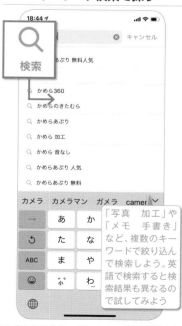

アプリ名が分かっていたり、欲しい機能を持ったアプリを探したい場合は、「検索」タブでキーワード検索しよう。よく検索される人気アプリ名も候補に表示される。

アプリをインストールする／アップデートする

1 アプリをインストールする

ランキングやキーワード検索で見つけたアプリの詳細画面を開く。インストールするには、無料アプリは「入手」をタップ、有料アプリは価格ボタンをタップ。顔認証や指紋認証を済ませるかApple IDのパスワードを入力すれば、インストールが開始される。

2 アプリを手動でアップデートする

「すべてをアップデート」でまとめてアップデートできる。各アプリの「アップデート」ボタンで個別にアップデートすることも可能

アプリは不具合の修正や新機能追加を施した最新版に無料でアップデートできる。App Storeにバッジが表示されたら、アップデートが配信開始された合図。画面右上のユーザーアイコンをタップしてアカウント画面を開くと、アップデート可能なアプリが一覧で表示され、手動でアプリを最新版に更新できる。

3 アプリを自動でアップデートする

オンにする

いちいち手動でアップデートしなくても、「設定」→「iTunes StoreとApp Store」→「Appのアップデート」をオンにしておけば、アプリの更新があった際は自動でアップデートされる。

支払い方法を変更する

1 Appleのギフトカードを支払いに利用する

カード裏面の銀いろの部分を剥がしてコードを表示

タップしてコードを登録

コンビニなどで購入できる「App Store & iTunesギフトカード」で支払いを行うには、「App」画面などの下部にある「コードを使う」からチャージすればよい。

2 支払いに使うクレジットカードを変更

画面右上のユーザーアイコンをタップ、続けてApple IDをタップしてサインイン。「お支払い方法を管理」から、支払いに使うカード情報を変更できる。

3 通信料と合わせて支払う

チェック

「お支払い方法を管理」画面で「お支払い方法を追加」をタップ。「キャリア決済」にチェックを入れて追加すれば、App StoreやiTunes Storeの料金を毎月の通信料と合算して支払える。

カメラ

カメラの基本操作と撮影テクニックを覚えよう

コマ送りビデオや
スローモーション動画も
撮影できる

「カメラ」は、写真や動画を撮影するためのアプリだ。起動して画面内のシャッターボタンをタップするか、本体側面の音量ボタンを押すだけで撮影できる。一定間隔ごとに撮影した写真をつなげてコマ送りビデオを作成する「タイムラプス」、動画の途中をスローモーション再生にできる「スローモーション」、シャッターを押した前後3秒の動画を保存し動く写真を作成できる「Live Photos」など、多彩な撮影モードも用意されている。また、iPhone 11など一部の機種では、「ポートレートモード」で背景をぼかしたり、超広角レンズに切り替えてより広い範囲を撮影したり、ナイトモードで夜景を明るく撮影することもできる。

使い始め POINT

**撮影した写真はすぐに
確認、編集、共有、削除できる**

カメラの画面左下には、直前に撮影した写真のサムネイルが表示される。これをタップすると写真が表示され、編集や共有（メールやメッセージなどで送信）、削除を行える。なお、撮影したすべての写真やビデオは、「写真」アプリ（P068で解説）に保存される。

左から共有、お気に入り、編集、削除

カメラアプリの基本操作

1 ピントを合わせて
写真を撮影する

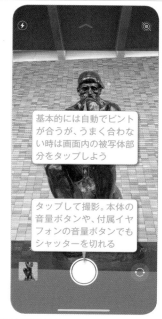

基本的には自動でピントが合うが、うまく合わない時は画面内の被写体部分をタップしよう

タップして撮影。本体の音量ボタンや、付属イヤフォンの音量ボタンでもシャッターを切れる

写真を撮影するには、まず撮影モードが「写真」になっていることを確認しよう。あとはシャッターボタンをタップすればよい。画面内をタップすると、その位置にピントが合う。

2 セルフィー（自撮り）
写真を撮影する

もう一度タップすると背面カメラに戻る

カメラを起動したら、右下の回転マークが付いたカメラボタンをタップしよう。フロントカメラに切り替わり、セルフィー（自撮り）写真を撮影できる。

3 ロック画面からカメラを
すばやく起動する

左にスワイプ

カメラボタンをロングタップするか強く押して離す

ホーム画面のアプリをタップしなくても、ロック画面を左にスワイプするだけでカメラを起動できる。iPhone X以降なら、ロック画面右下のカメラボタンをロングタップしても起動できる。

超広角／望遠カメラとナイトモードの撮影

1 超広角カメラで撮影する

超広角カメラに切り替え

0.5×

カメラアプリの画面に表示されたボタンでレンズの切り替えが可能だ。iPhone 11シリーズなら、シャッターの上の「.5」をタップして超広角カメラに切り替え可能。同じ被写体でも広い範囲をカメラに収めることができる。

2 望遠カメラやデジタルズームで撮影する

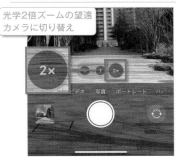

光学2倍ズームの望遠カメラに切り替え

2×

カメラ切り替えボタンを左右にスワイプしてデジタルズーム

望遠カメラ搭載機種なら、「2」で無劣化の光学2倍ズーム撮影ができる。またカメラ切り替えボタンを左右にスワイプすると、最大10倍のデジタルズーム撮影が可能だ。ただし画質は劣化する。

3 ナイトモードで夜景を明るく撮影

2秒

左上に表示されたナイトモードのアイコンをタップすると、露出時間をより長くしたり、ナイトモードをオフにできる。超広角カメラはナイトモード非対応

iPhone 11シリーズなら、暗い場所では自動でナイトモードに切り替わる。画面左上に露出秒数が表示されるので、シャッターを押したらこの秒数はなるべくiPhoneを動かさないようにしよう。

カメラ

フラッシュ／タイマー／バーストモード

4 iPhone 11でフラッシュやタイマーを使う

タップしてメニュー表示。画面内を上へスワイプしてもよい

左からフラッシュ、Live Photos、画面比率の変更、セルフタイマー、フィルタの切り替え

iPhone 11シリーズは、カメラアプリ上部の「へ」をタップすると、シャッターボタン上部にメニューが表示され、フラッシュやセルフタイマーの設定を変更できる。

5 他の機種でフラッシュやタイマーを使う

左からフラッシュ、Live Photos、セルフタイマー、フィルタの切り替え

1×

iPhone 11シリーズ以外は、カメラアプリ上部に各種ボタンが用意されており、フラッシュやセルフタイマーの設定を変更できる。

6 バーストモード（連写）で撮影する

iPhone 11シリーズはシャッターを左にスワイプ、その他の機種はシャッターをタップし続けると連写できる

36

ポートレート	59 >
パノラマ	2 >
タイムラプス	1 >
スローモーション	3 >
バースト	6 >
スクリーンショット	75 >
読み込み	19 >

バーストモードで撮影した連続写真は、写真アプリの「バースト」アルバムにまとめて保存される

シャッターボタンをタップし続けると1秒間に10枚の高速連写ができる。ただしiPhone 11シリーズのみ操作が異なり、シャッターボタンを左にスワイプで連写ができる。

カメラアプリの撮影モード

1 ビデオモードで 動画を撮影する

画面をスワイプして 「ビデオ」に合わせる

iPhone 11シリーズの み、シャッターボタンの ロングタップですばやく ビデオ撮影ができる。指 を離すと録画停止

画面内を右にスワイプすると「ビデオ」モー ドに切り替わる。なおiPhone 11シリーズ では、「写真」モードでもシャッターボタンを ロングタップするだけで、「QuickTake」機 能により素早くビデオを撮影できる。

2 タイムラプスで コマ送り動画を撮影する

タイムラプス

「タイムラプス」は、一定時間ごとに静止画を 撮影し、それをつなげてコマ送りビデオを作 成できる撮影モード。長時間動画を高速再生 した味のある動画を楽しめる。

3 スローモーションで 指定箇所だけゆっくり再生

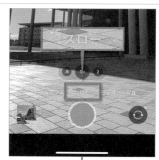

スロー

撮影後は、写真アプリでス ローモーションビデオを開 き、「編集」をタップ。下部 のバーでスロー再生にする 範囲を変更できる

「スロー」は、動画の途中をスローモーション 再生にできる撮影モード。写真アプリで、ス ローモーションにする箇所を自由に変更でき る。

4 ポートレートモードで 背景をぼかして撮影

タップして、下部 のバーで被写界深 度（F値）を変更

照明エフェクトを変更

自然光

iPhone X以降とiPhone 8 Plus、iPhone 7 Plusの場合は、「ポートレート」モードで、 一眼レフのような背景をぼかした写真を撮影 できる。

5 SNS向けの正方形 写真を撮影する

iPhone 11シリーズ以外は、画面をス ワイプして「スクエア」モードを選択

スクエア

ポートレート　スクエア　パノラマ

iPhone 11シリーズは、カメラ アプリ上部の「∧」をタップし て、中央の画面比率変更ボタン をタップし、「スクエア」を選択

1:1　スクエア　4:3　16:9

「スクエア」は、カメラ画面の枠が正方形にな るモード。Instagramなどの、SNSで投稿す るのに適したサイズの写真を撮影できる。

6 横または縦に長い パノラマ写真を撮影

パノラマ

ポートレート　パノラマ

「パノラマ」モードでは、シャッターをタップ して本体をゆっくり動かすことで、横に長い パノラマ写真を撮影できる。本体を横向きに すれば、縦長の撮影も可能。

カメラアプリのその他の機能

1 ピントや露出を固定する

ピント／露出を固定したい時は、画面内をロングタップしよう。上部に「AE／AFロック」と表示され、その部分にピント／露出を固定したまま撮影できる。

2 露出を手動で調整する

画面内をタップしてピントと露出を合わせた後、画面を上下にドラッグすれば、太陽マークが上下に動き、露出を手動で調整できる。逆光でうまく撮影したい時など、AE／AFロックと合わせて操作しよう。

3 撮影画面にグリッドを表示する

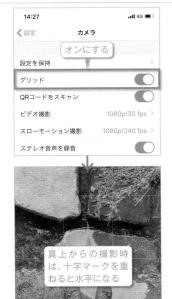

本体の「設定」→「カメラ」→「グリッド」のスイッチをオンにすると、カメラの画面内に9分割のグリッド線が表示され、水平／垂直の目安にしながら撮影できる。

4 Live Photosを撮影する

カメラの上部「Live Photos」ボタンがオンの状態で写真を撮影すると、シャッターを切った時点の静止画に加え、前後1.5秒ずつ合計3秒の映像と音声も記録される。

5 フレームの外側を含めて撮影する

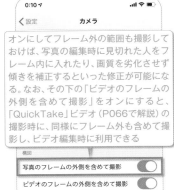

「設定」→「カメラ」→「写真のフレームの外側を含めて撮影」をオンにしておけば、広角／望遠カメラでの撮影時に、超広角カメラで撮影したフレーム外のデータも残り、編集時に利用して修正できる。

6 カメラモードなどの設定を保持する

「設定」→「カメラ」→「設定を保持」で、モード、フィルタや照明、Live Photosなどの設定を保持しておけば、最後に使った設定のままでカメラが起動するようになる。

写真

撮影した写真やビデオを管理・閲覧・編集・共有する

閲覧だけでなく編集や共有、クラウド保存も可能

　iPhoneで撮影した写真や動画を閲覧するには、「写真」アプリを使う。下部のメニューで、アプリが選んだ年別／月別／日別のベストショット写真を見るなら「写真」、共有の提案や自動生成されたスライドショーを確認するには「For You」、すべての写真やアルバムごとに写真を確認する場合は「アルバム」、強力な検索機能で写真を探し出すには「検索」を開こう。また、写真やビデオには本格的な編集を適用できるほか、撮影した写真を自動的にアップロードしてクラウド上に保存する「マイフォトストリーム」「iCloud写真」機能なども用意されている。

使い始め POINT

撮影した写真の確認は「最近の項目」が基本

撮影した写真やビデオがどこに保存されているのか分からない場合は、とりあえず写真アプリの下部メニュー「アルバム」にある、「最近の項目」をタップしてみよう。iPhoneで撮影した写真や動画、保存した画像などは、すべてこのアルバムに撮影順に保存されている。その上で、撮影したビデオは「ビデオ」、バーストモードで撮影した連続写真は「バースト」など、撮影モードによって自動で専用アルバムが作成され分類されている。

写真アプリの下部メニューの違いと機能

>「アルバム」で写真やビデオをアルバム別に整理

「アルバム」では、「最近の項目」「ビデオ」「共有アルバム」などアルバム別に写真や動画を管理できる。

>「検索」で写真をキーワード検索する

「検索」では、複数キーワードで検索したり、ピープル、撮影地、店舗／会社名、イベント名などで写真を探せる。

> ベストショットを楽しむ「写真」

「写真」では年別／月別／日別のベストショット写真が表示される。似たような構図や写りの悪い写真は省かれるので、見栄えのいい写真だけで思い出を楽しめる。

> 共有相手などを提案する「For You」

「For You」では、写っている人物との共有を提案したり、おすすめの写真やエフェクトが提案されるほか、メモリーや共有アルバムのアクティビティも表示される。

写真やビデオの閲覧と詳細情報の確認

> 写真を閲覧する

ピンチアウト／インで拡大／縮小

各メニューで写真のサムネイルをタップすれば、その写真が表示される。画面内をさらにタップすると全画面表示、ピンチアウト／インで拡大／縮小表示が可能。

> ビデオを再生する

再生／一時停止とスピーカーボタン。メニューが表示されない時は画面内を一度タップする

ビデオのサムネイルをタップすると、自動で再生が開始される。下部メニューで一時停止やスピーカーのオン／オフが可能。

> 写真やビデオの詳細を確認する

上にスワイプ

写真やビデオの画面内を上にスワイプすれば、写っている人物や撮影地などの詳細情報が下部に表示される。なお、写真の撮影地を記録するには、「設定」→「プライバシー」→「位置情報サービス」で位置情報サービスをオンにし、同じ画面の「カメラ」で「このAppの使用中のみ許可」にチェックする必要がある。

複数の写真やビデオの選択&削除と検索機能

> 写真やビデオをスワイプして複数選択する

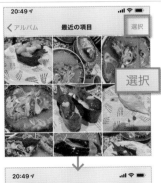

選択

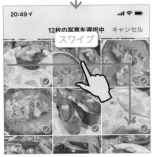

スワイプ

写真やビデオは、右上の「選択」をタップすれば選択できる。複数選択する場合は、ひとつひとつタップしなくても、スワイプでまとめて選択可能だ。

> 写真やビデオを削除、復元する

「アルバム」→「最近削除した項目」から復元できる

ゴミ箱ボタンをタップすれば選択した写真やビデオを削除できる。削除した写真やビデオは、30日以内なら「アルバム」→「最近削除した項目」に残っており復元できる。

> 写真アプリの検索機能を利用する

複数キーワードで被写体を検索できる

下部メニュー「検索」画面では、「食べ物」「魚介類」といった複数のキーワードを組み合わせて、その被写体が写った写真を検索することが可能だ。

写真を編集する

1 写真を開いて 編集ボタンをタップする

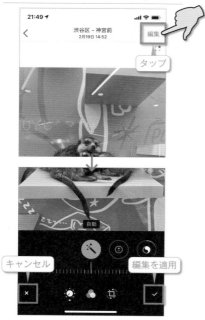

写真を開いて上部の編集ボタンをタップすると、編集モードになる。編集後は、左下の「×」でキャンセル、右下のチェックで編集を適用できる。

2 編集ツールで レタッチする

左から、「調整」「フィルタ」「トリミングと傾き」ボタン。タップするとそれぞれのメニューが表示される

下部の「調整」「フィルタ」「トリミングと傾き」ボタンをタップすると、それぞれのメニューで色合いを調整したり、フィルタを適用したり、切り抜いたり、傾きを補正できる。

3 編集を加えた写真を 元の写真に戻す

タップ

元に戻す

オリジナルに戻すと...た編集がすべて削除されます。この操作は取り消せません。

オリジナルに戻す

タップ

キャン

編集を適用した写真は、再度編集モードにして、右下の「元に戻す」→「オリジナルに戻す」をタップすることで、いつでも元のオリジナル写真に戻せる。

ビデオやポートレート写真を編集する

1 ビデオの不要部分 をカットする

タップ

左右端をドラッグして、残したい範囲を黄色の枠で選択。再生ボタンでプレビュー再生

ビデオの場合も、同じく編集ボタンで編集モードになる。下部フレームビューアの左右端をドラッグし、切り取って残したい部分を範囲選択しよう。

2 ビデオを編集ツールで レタッチする

タップして調整やフィルタメニューに切り替える

写真と同様に、ビデオの場合も「調整」「フィルタ」「トリミングと傾き」ボタンで、色合いを調整したり、フィルタや傾き補正を適用することができる。

3 ポートレート写真 を編集する

f 4.0

ポートレート

f 4.0

タップして被写界深度を変更

照明エフェクトを変更

輪郭強調照明

背景をぼかしたポートレート写真は、「編集」をタップすれば、後からでもぼかし具合や照明エフェクトを変更することが可能だ。

「For You」メニューでメモリーや共有を確認する

1 「For You」に表示される項目

「For You」では、「メモリー」で自動生成されたスライドショーを再生できるほか、おすすめの写真や、顔認識された人物との共有を提案してくれる。また、共有アルバムのアクティビティなども確認できる。

2 メモリーで生成されたスライドショーを再生

「メモリー」で提案されたアルバムで、一番上のサムネイルをタップすると、自動生成されたスライドショーを再生できる。編集でタイトルやBGMを変更したり、写真やビデオの入れ替えも行える。

3 顔認識された人物と写真を共有する

「共有の提案」で提案されたアルバムで、「友達と共有しますか？」の「次へ」をタップすると、顔認識された相手と写真を共有できる。

撮影した写真を自動でバックアップ、共有する

「マイフォトストリーム」に保存する

「設定」→「写真」→「マイフォトストリーム」をオンにすると、写真が自動でiCloudに保存される。iCloudの容量は消費しないが、最大1,000枚まで、保存期間は30日までの制限がある。

「iCloud写真」に保存する

「iCloud写真」をオンにすると、写真が自動でiCloudに保存される。保存期間や枚数制限はないが、iCloudの容量を消費するため、無料の5GB分だけだと容量が足りなくなる可能性が高い。

「共有アルバム」で共有アルバムを作成

「共有アルバム」をオンにすると、写真アプリの「アルバム」画面で、写真とビデオの共有アルバムを作成して他のユーザーと共有したり、他のユーザーの共有アルバムに参加できるようになる。

ミュージック

定額聴き放題サービスも利用できる標準音楽プレイヤー

端末内の曲もクラウド上の曲もまとめて扱える

「ミュージック」は、パソコンのiTunes経由でCDから取り込んだ曲（P074で解説）、iTunes Storeで購入した曲（P076で解説）、Appleの定額音楽配信サービス「Apple Music」の曲（P075で解説）を、まとめて管理できる音楽プレイヤーだ。iTunes Storeで購入した曲やApple Musicの曲は、iPhoneにダウンロードしなくてもストリーミングで再生でき、iPhone内に保存された曲ファイルと同様に扱える。すべての曲は「ライブラリ」画面で管理され、プレイリスト、アーティスト、アルバム、曲、ダウンロード済みなどで絞り込んで再生することが可能だ。

使い始め POINT

ミュージックライブラリの項目を編集する

「ライブラリ」画面では、「プレイリスト」や「アルバム」といった分類で探せるが、これらの項目は右上の「編集」で追加や削除、並べ替えが可能だ。あまり使わない項目は非表示にして、よく利用する順で項目を並べ替えて使いやすくしておこう。

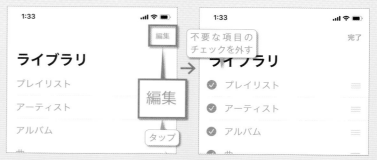

「ライブラリ」画面では「プレイリスト」や「アルバム」といった項目が表示される。これを編集するには、右上の「編集」ボタンをタップ。

チェックを入れた項目のみ表示されるようになる。また左端の三本線ボタンをドラッグして、表示順を並べ替えることも可能だ。

ライブラリから曲を再生する

1 「ライブラリ」タブで曲を探す

下部の「ライブラリ」を開き、曲を探そう。CDから取り込んだ曲、iTunes Storeで購入した曲、Apple Musicから追加した曲は、すべてこの画面で同じように扱い、管理できる。

2 曲名をタップして再生する

曲名をタップすると再生を開始。画面の下部にミニプレイヤーが表示され、一時停止／次の曲へスキップ操作を行える。ミニプレイヤーをタップすると、再生中画面が開く。

3 通知の履歴画面やロック画面で操作する

ホーム画面やロック画面に戻ってもバックグラウンドで再生が続く。いちいちミュージックプレイヤーを起動しなくても、通知の履歴やコントロールセンター、ロック画面で再生中の曲の操作が可能だ。

曲やアルバムの操作と機能

1 ロングタップメニューでさまざまな操作を行う

アルバムのジャケット写真や曲名をロングタップすると、削除やプレイリストへの追加、共有、好みの曲として学習させるラブ機能などのメニューが表示される。

2 歌詞をカラオケのように表示する

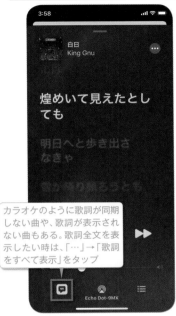

カラオケのように歌詞が同期しない曲や、歌詞が表示されない曲もある。歌詞全文を表示したい時は、「…」→「歌詞をすべて表示」をタップ

再生画面左下の歌詞ボタンをタップすると、カラオケのように、曲の再生に合わせて歌詞がハイライト表示される。歌詞をタップして、その位置までジャンプすることもできる。

3 音楽の出力先を切り替える

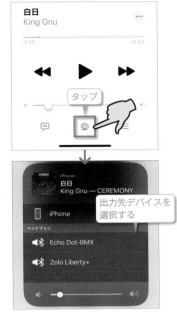

出力先デバイスを選択する

Bluetoothスピーカーなどで再生したい場合は、ペアリングを済ませた上で、音量バー下中央のボタンをタップしよう。リストから出力先デバイスを選択できる。

4 新規プレイリストを作成する

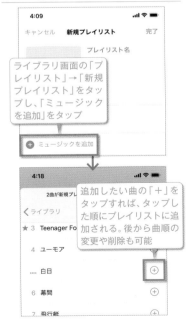

ライブラリ画面の「プレイリスト」→「新規プレイリスト」をタップし、「ミュージックを追加」をタップ

追加したい曲の「＋」をタップすれば、タップした順にプレイリストに追加される。後から曲順の変更や削除も可能

好きな曲だけを好きな順番で再生したいなら、プレイリストを作成しよう。ライブラリ画面の「プレイリスト」→「新規プレイリスト」から作成できる。

5 「次はこちら」リストを表示する

タップ

再生画面右下のボタンをタップすると、「次はこちら」リストが表示される。リストの曲をタップすると、その曲が再生される。

6 シャッフルまたはリピート再生する

左がシャッフル、右がリピートボタン。シャッフルボタンは、アルバムやプレイリスト画面でも表示される。iPhone内の全曲を対象にシャッフル再生したい場合は、ライブラリの「アルバム」や「曲」画面上部の「シャッフル」をタップしよう

「次はこちら」リストの上部のボタンをタップすると、リストの曲をシャッフルまたはリピート再生できる。

音楽CDの曲をiPhoneに取り込む

iTunesを使えば簡単に
インポートできる

　音楽CDの曲をiPhoneで聴くには、まず「iTunes」（Macは標準の「ミュージック」アプリ）を使ってCDの曲をパソコンに取り込み、そこからiPhoneに転送する必要がある。音楽CDをパソコンのドライブにセットして、画面の指示に従って操作しよう。

iTunes

作者／Apple
価格／無料
http://www.apple.com/jp/
itunes/

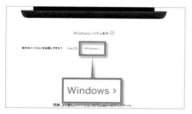

Windows向けiTunesは、Microsoft Store版とデスクトップ版の2種類があるが、動作の安定したデスクトップ版の方がおすすめ。上記URLの「ほかのバージョンをお探しですか？」で「Windows」を選んでダウンロードしよう。

1 iTunesを起動して「環境設定」を開く

iTunesを起動したら、まずは音楽CDを取り込む際のファイル形式と音質を設定しておこう。「編集」→「環境設定」でiTunesの設定画面を開き、「一般」タブの「読み込み設定」をクリックする。

2 ファイル形式と音質を設定し音楽CDを取り込む

「読み込み方法」ではファイル形式を設定。標準だとAAC形式だが、他のデバイスでも再生したいなら汎用性の高い「MP3エンコーダ」が便利だ。また「設定」で音質を選択しておく。あとは音楽CDをCDドライブに挿入し、「読み込みますか」のメッセージで「はい」をクリックすればよい。

3 iPhoneとiTunesを接続して曲を同期する

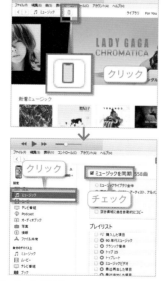

インポートが終了したら、iPhoneをパソコンに接続して、左上の「iPhone」アイコンをクリック。iPhoneのデバイス画面が表示されたら、左メニューの「ミュージック」を開き、「ミュージックを同期」にチェック。ライブラリ全体かアーティストやアルバムを選択して、最後に右下の「適用」をタップする。

4 ドラッグ&ドロップで転送することも可能

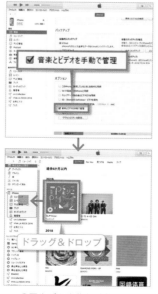

iTunesのアルバムや曲を手動で転送することもできる。まずiPhoneの「概要」画面を開いて、「音楽とビデオを手動で管理」にチェック。「適用」をクリックして一旦同期しておく。あとはライブラリ画面に移り、iPhoneに転送したいアルバムや曲を、左欄の「デバイス」に表示されているiPhoneにドラッグすればよい。

使いこなしヒント

Apple Music利用中は
iTunesの同期に注意

「編集」→「環境設定」で、「一般」タブの「iCloudミュージックライブラリ」にチェック

Apple Music（P075で解説）に加入すると、「iCloudミュージックライブラリ」も利用できる。Apple Musicの曲をiPhoneに保存したり、パソコン内の曲を最大10万曲までアップロードできるサービスだ。この機能がオンだと、「ミュージックを同期」ができなくなるので、CDから取り込んだiTunesの曲をiPhoneで聴くには、iTunes側でも「iCloudミュージックライブラリ」をオンにし、すべての曲をアップロードしておこう。Apple Musicの曲と同様にiPhoneで再生できる。

Apple Musicを利用する

**初回登録時は
3ヶ月間無料で使える**

個人なら月額980円で、国内外の6,000万曲が聴き放題になる、Appleの定額音楽配信サービスが「Apple Music」だ。初回登録時は3ヶ月間無料で利用できる。またApple Musicに登録すると、手持ちの曲も含めて、最大10万曲までクラウドに保存できる「iCloudミュージックライブラリ」も利用できるようになる。なお、ファミリープランを使えば、月額1,480円で家族6人まで利用可能だ。

1 「Apple Musicに登録」をタップ

まず本体の「設定」→「ミュージック」で、「Apple Musicを表示」をオンにした上で、「Apple Musicに登録」をタップする。初回登録時は、次の画面で「無料で始めよう」をタップ。

2 プランを選択してAppleMusicを開始する

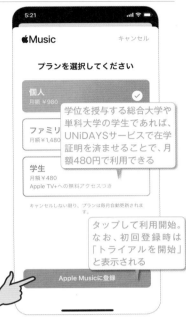

学位を授与する総合大学や単科大学の学生であれば、UNiDAYSサービスで在学証明を済ませることで、月額480円で利用できる

タップして利用開始。なお、初回登録時は「トライアルを開始」と表示される

ミュージックアプリが起動するので、「プランを選択」をタップ。プランを個人／ファミリー／学生から選択し、「Apple Musicに登録」をタップして開始する。初回登録時のみ、3ヶ月間無料で試用できる。

使いこなしヒント

**自動更新を
キャンセルにするには**

Apple Musicは初回のみ3ヶ月の無料期間が用意されているが、3ヶ月を過ぎると自動的に課金されてしまう。とりあえず無料期間中だけ使いたい場合は、ミュージックアプリの「For You」画面で右上のユーザーボタンをタップし、「サブスクリプションの管理」→「サブスクリプションをキャンセルする」をタップしてキャンセルしておこう。これでApple Musicメンバーシップの自動更新を停止できる。

3 ライブラリを同期をオンにする

本体の「設定」→「ミュージック」で、「ライブラリを同期」をオンにし、iPhone内の曲を残すか削除するか選択。これで、Apple Musicの曲をライブラリに追加できるようになる。

4 キーワードで曲を検索

ミュージックアプリの「検索」で、曲名やアーティスト名をキーワードにして検索しよう。「Apple Music」タブで、Apple Musicの検索結果が一覧表示され、曲名をタップすればすぐに再生できる。

5 Apple Musicの曲をライブラリに追加

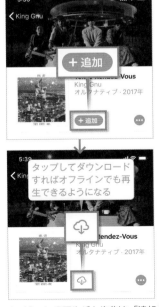

タップしてダウンロードすればオフラインでも再生できるようになる

Apple Musicのアルバムや曲は、「追加」や「＋」をタップするとライブラリに追加できる。さらにクラウドボタンをタップすると、端末内にダウンロードできる。

iTunes Store

音楽や映画をいつでも好きな時にダウンロード購入する

Appleの配信サービスで音楽や映画を楽しもう

「iTunes Store」は、Appleの配信サービスで音楽を購入したり、映画を購入、レンタルするためのアプリだ。音楽は幅広いジャンルをカバーしており、購入前に曲の一部を試聴したり、アルバム内の好きな曲だけを選んで購入するといった、配信ならではの使い方ができる。また映画の場合も、購入前に予告編を観たりレビューをチェックできるほか、購入より安価で一定期間のみ再生できる「レンタル」で利用することも可能。一度購入したコンテンツは、同じApple IDでサインインすれば、iPadやパソコンのiTunesなど他のデバイスでも、無料でダウンロードして楽しめる。

SECTION
02

標準アプリ
完全ガイド

使い始め POINT

iTunes Storeで購入したコンテンツの扱い

iTunes Storeで一度購入した音楽や映画は、他のiPadやパソコンのiTunesなどでも、同じApple IDでサインインすれば、無料でダウンロードして再生できる。また、現在iTunes Storeで販売されている曲は、すべてDRM（著作権保護）フリーとなっているため、iTunesでパソコンにコピーしてAndroidスマートフォンに転送したり、iTunesでCD-Rに焼いて音楽CDを作成するといったことも可能だ。

● **購入済みの曲や映画を再生する**

iTunes Storeアプリの「その他」→「購入済み」をタップすると、サインインしているApple IDを使ってiTunes Storeで購入した、音楽や映画が一覧表示され、この端末でも再生できる。

● **購入した曲で音楽CDを作成する**

購入した曲をiTunesに転送するかiTunesで再ダウンロードしたら、その曲でプレイリストを作成して右クリック。メニューの「プレイリストからディスクを作成」で音楽CDを作成できる。

iTunes Storeで音楽や映画を購入する

1 コンテンツをキーワード検索する

下部の「検索」タブを開き、曲名や映画タイトルを入力してキーワード検索しよう。「ミュージック」「映画」タブで、ジャンルやランキングから探すことも可能だ。

2 購入前に試聴して購入ボタンをタップ

ミュージックの場合、曲名をタップすれば試聴することができる。購入するには、価格をタップして表示される「曲（アルバム）を購入」をタップ。

3 顔・指紋認証またはパスワード入力で購入

「設定」→「Face ID（Touch ID）とパスコード」で「iTunes StoreとApp Store」がオンなら、顔認証や指紋認証で購入できる。オフの場合はApple IDパスワードを入力。

リマインダー

やるべきことを忘れず通知してくれる

日々のタスク管理や買い物メモに活用しよう

「リマインダー」は、やるべきことや覚えておきたいことを登録しておけば、しかるべきタイミングで通知してくれる、タスク管理アプリだ。例えば「明日14時に山本さんに電話をかける」「トイレの電球を買っておく」など、日々のやるべきことを登録しておけば、通知によってうっかり忘れを防げる。また、位置情報を元に、自宅や会社、その他指定したエリアに移動した際に通知させることもできるので、「帰宅前に駅前のドラッグストアで洗剤を買う」といった内容で登録しておくと、駅周辺に戻った際に通知を表示してくれる。

使い始め POINT

リストを作成、確認しよう

リマインダーで作成したすべてのタスクは、最初から用意されている「スマートリスト」（今日／日時設定あり／フラグ付き／すべて）に自動で分類されるほか、自分で作成した「マイリスト」で整理することもできる。下部の「リストを追加」から、「仕事」「プライベート」といったリストを作成しておこう。

● **スマートリストの確認**

スマートリストでは、さまざまなリストに入っているリマインダーを、「今日」「日時設定あり」「フラグ付き」「すべて」に自動で分類して、まとめて表示できる。

● **マイリストを作成する**

下部の「リストを追加」で新規リストを作成できる。「仕事」「プライベート」などリスト名を入力し、アイコンと色を設定しよう。

リマインダーの基本的な使い方

1 リマインダーを新規作成する

作成したリストを開き、「新規リマインダー」をタップすると新しいタスクを作成できる。クイックツールバーを利用すれば、期日や場所の設定も素早く行える。

2 リマインダーを編集する

作成したリマインダーをタップすると、「i」ボタンが表示される。これをタップすれば詳細画面が開き、期日や通知などリマインダーの編集を行える。

3 リマインダーを完了する

リマインダーの「○」をタップすると、完了済みとして非表示になる。完了したタスクを再表示して確認したいときは、右上の「…」→「実行済みを表示」をタップ。

ファイル

クラウドサービスやアプリのファイルを一元管理

ドラッグ&ドロップで複数サービスのファイルを操作

　「ファイル」は、iCloud Drive／Google Drive／Dropboxといった対応クラウドサービスと、一部の対応アプリ内にあるファイルを、一元管理するためのファイル管理アプリだ。クラウドサービスの公式アプリや対応アプリがインストール済みであれば、ファイルアプリの「ブラウズ」→「場所」欄に表示され、タップして中身のファイルを操作できる。表示されない場合は、「編集」をタップして表示したいサービスをオンにしておこう。他のサービスやアプリにファイルを移動したり、タグを付けて複数サービスのファイルを横断管理することも可能だ。

使い始め POINT

2本指ドラッグでファイルを複数選択する

ファイルアプリで複数のファイルを選択したい場合、通常は右上の「選択」ボタンをタップしてから選択していくが、もっと簡単な方法がある。ファイルを選択したいフォルダを開いたら、2本指でファイルをドラッグしてみよう。ドラッグした範囲のファイルがすべて選択状態になり、下部のメニューで移動などの操作ができる。

● **2本指でドラッグする**

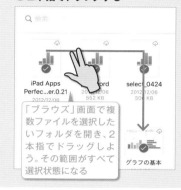

「ブラウズ」画面で複数ファイルを選択したいフォルダを開き、2本指でドラッグしよう。その範囲がすべて選択状態になる

● **下部メニューで操作する**

ファイル選択時は下部にメニューが表示され、左から共有、複製、移動、削除、その他の操作を行える

ファイルアプリの画面の見方と操作

1 対応サービスやアプリのファイルを開く

タップすると、それぞれのサービス・アプリ内のファイルが一覧表示される

下部「ブラウズ」をタップでメニューが開く。クラウドサービスの公式アプリや対応アプリをインストール済みなら、「場所」欄に表示される。アプリやサービスは、右上の「…」→「編集」で表示／非表示を切り替えられる。

2 ロングタップでファイルを操作する

ファイルやフォルダをロングタップするとメニューが表示され、コピーや移動、詳細情報の表示、タグの設定や圧縮といった操作を行える。

3 ファイルを圧縮、解凍する

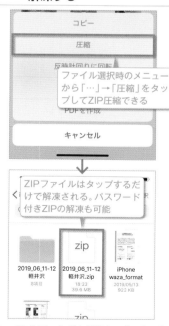

ファイル選択時のメニューから「…」→「圧縮」をタップしてZIP圧縮できる

ZIPファイルはタップするだけで解凍される。パスワード付きZIPの解凍も可能

ファイルやフォルダを選択して「…」→「圧縮」をタップするとZIPで圧縮できる。ZIPファイルはタップすると、すぐにその場に解凍される。

その他の標準アプリ

Appleならでは洗練された便利ツールの数々を使ってみよう

iPhoneには、ここまで解説してきたアプリの他にも、さまざまな純正アプリがインストールされている。どれもiPhoneをより便利に活用できるアプリばかりなので、ぜひ利用してみよう。なお、標準アプリが不要だと感じて削除してしまった場合は、App Storeから再インストールできる。「マップ Apple」など、標準アプリ名＋Appleをキーワードに検索してみよう。目的のアプリがずばり見つからなくても、どれか標準アプリが一つヒットしたら、デベロッパ名の「Apple」をタップすればよい。Appleの純正アプリが一覧表示されるので、その中から再インストールしたいアプリを探せる。

ブック
電子書籍を購入して読める
電子書籍リーダー＆ストアアプリ。キーワード検索やランキングから、電子書籍を探して購入できる。無料本も豊富。

メモ
ちょっとした記録や備忘録を書きとめる
見た目はシンプルなメモアプリだが、共同編集者を追加できたり、手書き入力にも対応するなど、かなり多機能。

カレンダー
Googleカレンダーとも同期できる
予定を登録するスケジュール管理アプリ。iCloudカレンダーやGoogleカレンダーとも同期して利用できる。

天気
現在の天気や週間予報をチェック
天気アプリ。現在の天気や気温、時間別予報、週間予報、降水確率のほか、湿度、風、気圧なども確認できる。

計算機
横向きで関数計算もできる
電卓アプリ。縦向きに使うと四則演算電卓だが、横向きにすれば関数計算もできる。

時計
規則正しい就寝・起床をサポート
世界時計、アラーム、ストップウォッチ、タイマー機能を備えた時計アプリ。ベッドタイム機能で睡眠分析も可能。

マップ
ルート検索もできる地図アプリ
標準の地図アプリ。車／徒歩／交通機関でのルート検索を行えるほか、音声ナビや周辺施設の検索機能なども備えている。

ヘルスケア
運動や健康状態をまとめて管理
歩数や移動距離を確認できる万歩計として利用できるほか、Apple Watchと連携して心拍数なども記録できる。

Wallet
Apple Payやチケットを管理
電子決済サービス「Apple Pay」（P084で解説）を利用するためのアプリ。また、Wallet対応のチケット類も管理できる。

Apple TV
さまざまな映画やドラマを楽しむ
映画やドラマを購入またはレンタルして視聴できるアプリ。サブスクリプションサービス「AplleTV＋」も利用できる。

探す
紛失した端末や友達を探せる
紛失したiPhoneやiPadの位置を探して遠隔操作したり、家族や友達の現在位置を調べることができるアプリ。

ホーム
Homekit対応機器を一元管理する
「照明を点けて」「電源をオンにして」など、Siriで話しかけて家電を操作する「HomeKit」を利用するためのアプリ。

ボイスメモ
ワンタップでその場の音声を録音
ワンタップで、その場の音声を録音できるアプリ。録音した音声をトリミング編集したり、iCloudで同期することも可能。

Watch
Apple WatchとiPhoneを同期する
Apple WatchとiPhoneをペアリングして同期するためのアプリ。Apple Watchを持っていないなら特に使うことはない。

計測
カメラで物体のサイズを計測
AR機能を使って、カメラが捉えた被写体の長さや面積を手軽に測定できるアプリ。水準器としての機能も用意されている。

ヒント
便利技や知られざる機能を紹介
iPhoneの使い方や機能を定期的に配信するアプリ。ちょっとしたテクニックや便利なTipsがまとめられている。

コンパス
方角や向きのズレを確認できる
方位磁石アプリ。画面をタップすると現在の向きがロックされ、ロックした場所から現在の向きのズレも確認できる。

株価
株価と関連ニュースをチェック
日経平均や指定銘柄の、株価チャートと詳細を確認できるアプリ。画面下部には関連ニュースも表示される。

Podcast
ラジオやビデオ番組を楽しめる
ネット上で公開されている、音声や動画を視聴できるアプリ。主にラジオ番組やニュース、教育番組などが見つかる。

設定

さまざまな設定を変更して使いやすくカスタマイズする

iPhoneを使いこなすために設定内容を把握しよう

「設定」アプリをタップして起動すれば、本体のさまざまな機能を変更、確認できる設定画面が表示される。ここでは、Apple IDやiCloud、Face ID（Touch ID）とパスコード、メールや連絡先といった重要な設定を行えるほかにも、知っておくと便利な機能や、ちょっとした操作が快適になる項目が多数用意されているので、まずは一通り確認しておくことをおすすめする。iPhoneをより快適に使いこなすには、この設定でどんな機能を利用できるか把握しておくのが重要だ。ここではこれまでの記事で説明しきれなかった、覚えておくと便利な設定項目をいくつか紹介しよう。

使い始め POINT

設定項目をキーワードで検索する

キーワードを入力

下にスワイプ

キーワードに関連する設定項目が一覧表示され、タップすればすぐに設定画面を開くことができる

「設定」アプリではiPhoneを便利に使うためのさまざまな項目が用意されているが、iPhoneを初めて使う人には、どこに何の設定があるの分かりづらいだろう。そんな時は、設定画面を下にスワイプしてみよう。上部に検索欄が表示されるので、キーワードを入力すれば、関連する設定項目がリストアップされる。タップするとすぐにその設定画面を開くことが可能だ。

不要なWi-Fiに接続しないようにする

不安定なWi-Fiスポットに自動接続するのを防ぐ

「Wi-Fi」を開いて自動接続したくないWi-Fiネットワークの「i」をタップし、「自動接続」のスイッチをオフにしておく

不安定なWi-Fiスポットなどに一度接続すると、次からも検出と同時に自動で接続してしまう。Wi-Fiネットワークは自動接続機能を個別にオフにできるので、貧弱なWi-Fiスポットの自動接続は無効にしておこう。

Bluetooth機器を接続する

「Bluetooth」をオンにして対応機器を検出

オンにする

タップして接続

iPhoneは、Bluetooth対応のヘッドセットやキーボードと無線で接続できる。Bluetooth機器を検出可能モードにした上で、設定で「Bluetooth」のスイッチをオンにすると、自動的に接続できるBluetooth機器が検出されるので、タップしてペアリングを完了しよう。

アプリごとにデータ通信の使用を制限する

「モバイルデータ通信」でアプリごとに設定できる

モバイルデータ通信を使いたくないアプリはオフにする

「モバイル通信」画面では、一度モバイルデータ通信を使ったアプリが一覧表示されるので、Wi-Fi接続のみでよいアプリはオフにしておこう。また、一番上の「モバイルデータ通信」のスイッチをオフにすれば、すべてのモバイルデータ通信をオフにできる。

アプリ使用中はコントロールセンターを無効

ゲーム中などに意図せずコントロールセンターが開くのを防ぐ

「コントロールセンター」→「App使用中のアクセス」をオフにしておく

コントロールセンターは主要な機能にすばやくアクセスできる便利な機能だが、ゲームのスワイプ操作などで、意図せずパネルを開いてしまうことがある。これを防ぐために、アプリの使用中はコントロールセンターが開かない設定にしておこう。

iPhoneの表示名を変更する

不特定多数に見られる場合があるので注意

タップして名前を変更

iPhoneの名前は、インターネット共有を有効にした際にWi-Fiネットワークに表示されるほか、AirDropで共有する際にも相手に名前が表示されるなど、不特定多数に見られる場合がある。気になる人は、「一般」→「情報」→「名前」をタップし、表示名を変更しておこう。

AssistiveTouchを利用する

ホームボタン代わりに使えるボタンを画面に常駐

オンにする

ここでボタンのダブルタップや長押し時のアクションを設定しておける

ホームボタンのない機種でも、この機能で仮想的にホームボタンを利用できる

ホームボタンや音量ボタンの効きが悪いようなら、「設定」→「アクセシビリティ」→「タッチ」で、「AssistiveTouch」をオンにしよう。画面上に白くて丸いボタンが常駐し、本体のボタン代わりに利用できる。普段は薄く表示され位置も自由に移動できるので、それほど邪魔にならない。

白い丸ボタンをタップするとメニューが表示され、「ホーム」でホームボタンの機能を利用できるほか、通知センターなども開くことができる。また「デバイス」をタップすれば、音量を上げる／下げる／消音など、音量ボタン代わりに利用できるメニューが表示される。

Night Shiftで画面のブルーライトを低減

夜間は画面を目に優しい表示にしよう

「画面表示と明るさ」→「Night Shift」で「時間指定」をオン。自動でNight Shift画面に切り替えるスケジュールを設定しよう

ブルーライトを低減する「Night Shift」機能をオンにしておけば、設定した時刻になるとディスプレイが暖色系の表示に調整され、目への負担が軽減される。就寝前にSNSや電子書籍を利用するユーザーにおすすめ。

設定

ストレージの空き容量を増やす

iPhoneの空き容量が少ない時はここをチェック

「非使用のAppを取り除く」"最近削除した項目"アルバム」「iTunesのビデオを再検討」などを実行すれば、不要なデータを削除して空き容量を増やせる

「一般」→「iPhoneストレージ」を開くと、アプリや写真などの使用割合をカラーバーで視覚的に確認できるほか、「非使用のAppを取り除く」など空き容量を増やすための方法が提示され、簡単に不要なデータを削除できる。

アプリのバックグラウンド更新を設定する

オフにすればバッテリー消費を節約できる

更新が不要なアプリはオフにする

「一般」→「Appのバックグラウンド更新」をオンにしておけば、バックグラウンドで動作中のアプリは最新の状態に保たれるが、バッテリー消費も増えてしまう。使用頻度の低いアプリなどはスイッチをオフにしておけば、バッテリー消費を抑えられる。

子供に使わせる際に機能制限を施す

アプリや機能ごとに利用許可を制限する

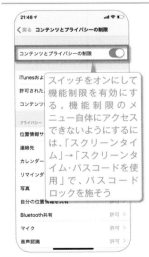

スイッチをオンにして機能制限を有効にする。機能制限のメニュー自体にアクセスできないようにするには、「スクリーンタイム」→「スクリーンタイム・パスコードを使用」で、パスコードロックを施そう

iPhoneを子供に使わせる場合などは、機能の制限を設定することができる。「スクリーンタイム」→「コンテンツとプライバシーの制限」で「コンテンツとプライバシーの制限」をオンにし、各項目をチェックしよう。

各項目をタップし、制限を設定する

iTunesおよびApp Storeでの購入や課金をはじめ、アプリの起動や削除も制限できる。また、「コンテンツ制限」では、R指定による制限や成人向けや不適切なサイト、映画、ニュースなどにアクセスできないよう詳細な設定が可能。

iPhoneとiTunesを Wi-Fiで同期する

「Wi-Fi経由でこのiPhone と同期」にチェック

 ## iOSの自動アップ デートを設定する

新しいiOSを自動で インストールする設定にしておく

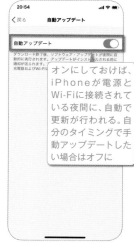

オンにしておけば、iPhoneが電源とWi-Fiに接続されている夜間に、自動で更新が行われる。自分のタイミングで手動アップデートしたい場合はオフに

 ## 毎日の使用時間 を確認する

スクリーンタイム機能 で用途別の利用時間を表示

「すべてのアクティビティを確認する」をタップすると、週／日の利用時間や、よく使ったアプリ、持ち上げた回数、通知回数なども確認できる

 ## バイブレーションの 動作を設定する

着信または消音モードで 振動させるか個別に設定

「着信スイッチ選択時」は、通常の着信モード時に振動するかしないか。「サイレントスイッチ選択時」は、消音モード時（本体左側面のサウンドオン／オフスイッチをオレンジ色が見える方に動かした状態）に振動するかしないかを設定できる

iPhoneとiTunesを接続して「概要」画面を開き、下部の「Wi-Fi経由でこのiPhoneと同期」にチェック。これで、iPhoneとパソコンが同じWi-Fiに接続されており、iPhoneが電源に接続されている時に、iPhoneとiTunesがワイヤレスで同期するようになる。

iPhoneの基本ソフト「iOS」は、アップデートにより不具合の解消や新機能の追加が行われるので、なるべく早めに更新しておきたい。「一般」→「ソフトウェア・アップデート」→「自動アップデート」がオンになっているか、確認しておこう。

「スクリーンタイム」で「スクリーンタイムをオンにする」→「続ける」→「これは自分用のiPhoneです」をタップし機能を有効にすれば、今日または過去7日間のアプリ利用時間や持ち上げた回数など詳細なレポートを確認できる。

「サウンドと触覚」のバイブレーション項目では、通常の着信モードまたは消音モードに設定した時に、それぞれ端末を振動させる（バイブレーション）かどうかを選択できる。両方オフにしておけば振動しなくなる。

 ## 低電力モードを 利用する

バッテリーの消費を 一時的に抑えられる

「バッテリーの状態」をタップすると、新品状態（100％）と比べてバッテリーの最大容量がどれくらい減ったか、劣化状態を確認できる

 ## アプリの自動ダウン ロードと更新を設定

他のデバイスで購入した アイテムを自動追加

一度自動ダウンロードをオンにすると、このiPhoneとApple IDは関連付けされる。以後90日間は、他のApple IDに切り替えても購入済みアイテムをダウンロードできないので注意しよう

オンにするとアプリを自動更新

 ## 変更した設定を 元の状態に戻す

すべての設定をリセット して初期状態の設定に戻す

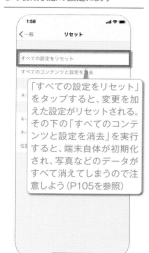

「すべての設定をリセット」をタップすると、変更を加えた設定がリセットされる。その下の「すべてのコンテンツと設定を消去」を実行すると、端末自体が初期化され、写真などのデータがすべて消えてしまうので注意しよう（P105を参照）

「バッテリー」→「低電力モード」をオンにすると、メールの自動取得やアプリのバックグラウンド更新が停止され、消費電力を抑えたモードになるので、一時的にバッテリーを節約したい時は利用しよう。バッテリー残量が80％を超えると自動的に解除される。

「iTunes StoreとApp Store」で「ミュージック」「App」「ブックとオーディオブック」をそれぞれオンにしておけば、同じApple IDのiPadやiTunesで購入した音楽やアプリが、自動的にiPhoneにもダウンロードされるようになる。

「アップデート」をオンにすると、インストール済みアプリの最新版が公開された際に、自動的に更新するようになる。アプリが勝手に最新版に置き換わるのを防ぎたいなら、スイッチをオフにしておこう。

変更した各種設定を元の状態に戻すには、「一般」→「リセット」→「すべての設定をリセット」をタップし、表示される確認メッセージをタップ。この操作でリセットされるのはWi-Fiや通知などの設定項目で、Apple ID、連絡先、メールアカウントなどの情報は消えない。

Section 03
iPhone活用テクニック

iOSの隠れた便利機能や必須設定、
使い方のコツなどさらに便利に
活用するためのテクニックを総まとめ。

Suicaやクレジットカードを登録したiPhoneでタッチ

一度使えば手放せない Apple Payの利用方法

電子マネーやクレカをiPhoneでまとめて管理

「Apple Pay」は、WalletアプリにSuicaやクレジットカードを登録して利用できる、電子決済サービスだ。対応機種はiPhone 7以降とApple Watch Series 2以降だが、アプリやWebでの決済に使うだけなら、iPhone 6など一部機種も対応する。

WalletにSuicaを登録すると、iPhoneがSuica代わりになる。改札にiPhoneをタッチすれば電車やバスを利用できるし、Suica対応の店舗でも利用できる。別途登録したクレジットカードで残高をチャージすることも可能だ。クレジットカードを登録すると、Suicaのチャージや、対応アプリ／Webでの支払いに使える。た

だし店舗で使う場合は、直接カード払いはできず、一度電子マネーの「iD」または「QUICPay」としてiPhoneでタッチして決済し、その請求をクレジットカードで支払う形になる。よって、登録したカードが使えるのは、iDかQUICPayでの支払いに対応する店舗に限られる。iDとQUICPayのどちらが使えるかは、登録したカードによって異なる。

Apple Payでできることを知ろう

カードはiPhone 8／8 Plus以降で12枚まで、それ以前のモデルは8枚まで登録できる。表示順はドラッグで入れ替えでき、一番前に表示されるカードがメインカードとして設定される

Apple PayはWalletアプリで管理する

Apple Payの管理には、iPhoneに標準インストールされている「Wallet」アプリを利用する。上段に登録したSuicaやクレジットカード、下段にパスが表示される。

1 iPhene内でチャージもできる Suicaを使う

iPhoneでタッチして改札を通過

Apple PayにSuicaを登録すれば、iPhoneがSuica代わりに。もちろん電子マネーとしても使えるほか、Apple Payに登録したクレジットカードでチャージすることも可能だ。

2 店舗での「カード払い」はできない クレジットカードを使う

iD／QUICPay対応店舗で利用できる

Apple Pay対応のクレジットカードしか登録できないが、主要なカードは対応している。店で使う際はiD／QUICPay経由で決済するので、支払いに使えるのはiD／QUICPay対応店に限られる。

3 iPhone 6、6s、SEでも利用可能 アプリやWebで使う

アプリ内やネット通販の支払いもOK

登録したクレジットカードで、アプリ内の支払いや、ネット通販などの支払いを行える。ただしVISAのカードは、アプリやWebでの決済に非対応となっているので注意しよう。

「パス」欄の使い方

Walletアプリ下段の「パス」欄では、搭乗券やiTunes Passなどの電子チケットを登録して管理できる。「入手」→「Wallet用のAppを検索」で対応アプリを検索できる。

Suicaを登録して駅やコンビニで利用する

SuicaをApple Payに登録しておけば、電車やバスの改札も、Suica対応の店舗や自販機での購入も、iPhoneでタッチするだけ。Apple PayやSuicaアプリに登録したクレジットカードで、いつでも（改札内でも）好きな金額をチャージできる。

WalletアプリでSuicaを発行または登録する

1 Walletアプリで「Suica」をタップ

タップ

Walletアプリを起動したら、右上にある「＋」ボタンをタップ。iCloudにサインインして「続ける」をタップすると、カードの種類の選択画面が表示されるので、「Suica」をタップしよう。

2 Wallet内でSuicaを発行する

金額を選択

¥3,000

チャージしたい金額を入力してタップ

¥1,000	¥3,000	¥5,000
1	2	3
4	5	6

チャージしたい金額を入力して「追加」をタップすると、Suicaを新規発行できる。ただし、Walletにクレジットカードが登録されていなかったり、登録したカードがVISAだと、Suicaの発行やチャージはできない。

3 プラスチックカードのSuicaを登録する

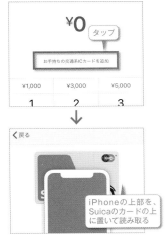

¥0　タップ

お手持ちの交通系ICカードを追加

| ¥1,000 | ¥3,000 | ¥5,000 |
| 1 | 2 | 3 |

iPhoneの上部を、Suicaのカードの上に置いて読み取る

すでに持っているプラスチックカードのSuicaをWalletに追加するには、「お手持ちの交通系ICカードを追加」をタップし、画面の指示に従ってSuicaID番号の末尾4桁や生年月日を入力。あとはiPhoneでカードを読み取ればよい。

Suicaアプリから新規発行して登録する

Suica

作者／East Japan Railway Company
価格／無料

1 発行するSuicaのタイプを選択

記名式のMy Suicaがおすすめ。無記名で登録しても、あとから会員登録を済ませれば記名式に変更できる

Suicaアプリをインストールして起動し、右上の「＋」をタップすると、Suicaを新規発行できる。「無記名」は会員登録不要で発行できるが、再発行やサポートの対象外になるので、「My Suica(記名式)」を選ぼう。

2 会員登録とクレジットカードの登録

VISAカードはApple Pay経由でSuicaにチャージできない。VISAカードでチャージしたい場合、ここで登録しておけば、SuicaアプリからSuicaへのチャージが可能になる

「発行手続き」をタップし、必要事項を入力していく。チャージにVISAのカードを使いたい場合、Apple Payからだとチャージできないので、一番下の「クレジットカードを登録する」にチェックして登録しておこう。

3 チャージ金額と決済方法を選択して追加

左ボタンは登録したクレジットカードでチャージ、右ボタンはApple Payの登録カードでチャージする

VISA **** 5891　　Pay

Apple Payにカードを追加

「チャージ金額」をタップしてチャージする金額を選択し、Suicaに登録したカードまたはApple Payから、決済方法を選択。「次へ」をタップすると決済が完了し、WalletアプリにSuicaが追加される。

POINT

改札での使い方と注意点

改札を通る際は、アンテナのあるiPhone上部をリーダー部にタッチするだけ。事前の準備は何も必要なく、スリープ状態のままでよい。Face ID／Touch ID認証も不要だが、複数のSuicaを登録した場合は、「エクスプレスカード」に設定したSuicaのみ認証不要になる。また、iPhone XS／XS Max／XR以降は、バッテリーが切れても、予備電力で最大5時間までエクスプレスカードを使える。

複数登録した場合は、「設定」→「WalletとApple Pay」→「エクスプレスカード」で選択したSuicaが優先となり、Face ID／Touch ID不要で改札を通れる。

Suicaにチャージする方法と注意点

SuicaのチャージにはApple Payに登録したクレジットカードを使う。登録したカードがビューカードであれば、オートチャージの設定も可能だ。ただしVISAのカードはApple Pay経由でチャージできないので、Suicaアプリに登録してSuicaアプリからチャージする必要がある。

タップ

残高
¥2,010　　チャージ

WalletアプリでSuicaを選択し、「チャージ」をタップしてチャージ金額を入力。

Suicaの名称	タップ
登録クレジットカード情報変更	
オートチャージ設定	
定期券有効期限外のSF利用設定	

オートチャージ設定は、Suicaアプリを起動して「チケット購入・Suica管理」をタップ、「オートチャージ設定」から行う。

クレジットカードを登録して電子マネー決済

各種クレジットカードをApple Payに登録しておけば、iDまたはQUICPayの機能が割り当てられ、iD／QUICPay対応店舗でiPhoneをタッチして購入できる。また、Suicaのチャージや、アプリ／Webでの支払いにも利用できる。

Apple Payにクレジットカードを登録する

1 「クレジット/プリペイドカード」をタップ

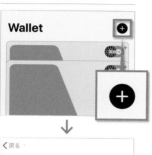

Walletアプリを起動したら、右上にある「＋」ボタンをタップ。「続ける」をタップすると、カードの種類の選択画面が表示されるので、「クレジット/プリペイドカード」をタップしよう。

2 Apple ID登録済みカードを追加する場合

セキュリティコードを入力して「次へ」

ほかのカードを追加

他のカードを追加するならここをタップ

Apple IDにクレジットカードを登録済みなら、「登録履歴のあるカード」として表示されるので、セキュリティコードを入力して「次へ」をタップ。手順4に進み、SMSなどでカード認証を済ませよう。

3 他のクレジットカードを追加する場合

枠内にカードを合わせて番号や有効期限を読み取る

カード情報やセキュリティコードを入力していく

「ほかのカードを追加」をタップした場合は、カメラの枠内にカードを合わせて、カード番号や有効期限などを読み取ろう。読み取れなかったカード情報を補完していき、セキュリティコードを入力して「次へ」。

4 カード認証を済ませてApple Payに追加

SMSにチェックしたまま「次へ」

メッセージアプリにSMSで届いた認証コードを入力

カードをWalletアプリに追加したら、最後にカード認証を行う。認証方法は「SMS」のまま「次へ」をタップ。SMSで届いた認証コードを入力すれば、このカードがApple Payで利用可能になる。

登録したクレジットカードの使い方と設定

1 iD／QUICPayどちらが利用できるか確認

iD対応店で利用できる

QUICPay対応店で利用できる

まずは登録したクレジットカードが、iDとQUICPayのどちらに対応しているか確認しておこう。Walletアプリでカードをタップすると、iDまたはQUICPayのマークが表示されているはずだ。

2 メインカードを設定しておく

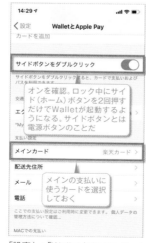

オンを確認。ロック中にサイド（ホーム）ボタンを2回押すだけでWalletが起動するようになる。サイドボタンとは"電源ボタンのことだ

メインの支払いに使うカードを選択しておく

「設定」→「WalletとApple Pay」の「メインカード」を選択しておくと、Walletアプリの起動時に一番手前に表示され、そのまま素早く支払える。「サイド（ホーム）ボタンをダブルクリック」のオンも確認しておこう。

3 対応店舗でiPhoneをかざして決済

リーダーにかざしてください

他のカードで支払いたい場合は、ここをタップしてカードを切り替え

店での利用時は、「iDで」または「QUICPayで」支払うと伝えよう。ロック中にサイド（ホーム）ボタンを素早く2回押すと、Walletが起動するので、顔または指紋を認証させて店のリーダーにiPhoneをかざせば、支払いが完了する。

POINT

アプリやWebでApple Payを利用する

いくつかのアプリやネットショップも、Apple Payでの支払いに対応している。例えばTOHOシネマズアプリでは、映画チケットの購入画面で「Apple Pay」のアイコンをタップすると、顔または指紋認証で購入できる。

Apple Payの紛失対策と復元方法

Apple Payによる手軽な支払いは便利だが、不正利用されないかセキュリティ面も気になるところ。iPhoneを紛失した場合や、登録したSuicaやクレジットカードが消えた場合など、万一の際の対策方法を知っておこう。

iPhoneを紛失した場合の対処法

1 紛失に備えて設定を確認しておく

まずは、紛失や故障に備えて有効にしておくべき項目をチェックしよう。「設定」を開いたら上部のApple IDをタップし、「iCloud」→「Wallet」と「探す」→「iPhone探す」が、それぞれオンになっていることを確認する。

2 紛失としてマークしApple Payを停止

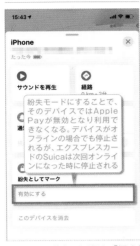

紛失モードにすることで、そのデバイスではApple Payが無効となり利用できなくなる。デバイスがオフラインの場合でも停止されるが、エクスプレスカードのSuicaは次回オンラインになった時に停止される

iPhoneを紛失した際は、「探す」アプリ（P111で解説）などで紛失したiPhoneを選択し、「紛失としてマーク」の「有効にする」をタップ。紛失モードにすれば、Apple Payの利用を一時的に停止できる。

3 念のためカード情報も削除しておく

デバイスがオフラインだと、紛失モードを実行してもSuicaが不正利用される可能性があるので、念のため削除しておこう

続けてパソコンなどのWebブラウザでiCloud.comにアクセスし「アカウント設定」をクリック。マイデバイスでiPhoneを選択したら、Apple Pay欄で「すべてを削除」をクリック。これで、Apple Payに登録したカードをすべて削除できる。

4 すべてのカードが削除された

紛失モードの実行だけだと、ロックを解除してiCloudにサインインすれば、再度カードが使えるようになる。iCloud.comでカード情報を削除した場合は、すべてのカードが使えないので、下記手順の通り再登録が必要になる。

Suicaが消えた場合の復元方法

1 Suicaを削除してWalletアプリを起動

Suicaは削除した時点で、データがiCloudに保存される仕組みになっている。紛失や故障でiPhoneから削除できない場合は、iCloud.comでSuicaを削除しておき、Walletアプリの「＋」→「Suica」をタップ。

2 削除したSuicaを選択して復元

削除したタイミングによっては、翌日の午前5時以降にならないと復元が完了しない場合もある

削除したSuicaの履歴が表示されるので、復元したいカードにチェックして「続ける」をタップしよう。残高もしっかり復元される。ただし、削除した翌日の午前5時以降でないと復元できない場合もあるので注意。

クレカが消えた場合の復元方法

1 カードを削除してWalletアプリを起動

クレジットカード情報も暗号化されてiCloudにバックアップされている。紛失や故障でiPhoneから削除できない場合は、iCloud.comでカードを削除し、Walletアプリの「＋」→「クレジット/プリペイドカード」をタップ。

2 クレジットカードを新規登録し直す

再追加するカードにチェック

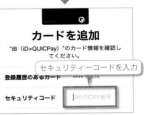

削除したカードの履歴が表示されるので、復元したいカードにチェックして「続ける」をタップしよう。あとは3桁のセキュリティーコードを入力して「次へ」をタップするだけで、クレジットカードが再追加される。

QRコードを読み取るタイプのスマホ決済
話題のQRコード決済を使ってみよう

ポイント還元率が高く、個人商店などでも使える

　iPhoneだけで買い物する方法としては、P084の「Apple Pay」の他に、「QRコード決済」がある。いわゆる「○○ペイ」がこのタイプで、各サービスの公式アプリをインストールすれば利用できる。あらかじめ銀行口座やクレジットカードから金額をチャージし、その残高から支払う方法が主流だ。店舗での支払い方法は、QRコードやバーコードを提示して読み取ってもらうか、または店頭のQRコードを自分で読み取る2パターン。タッチするだけで済む「Apple Pay」と比べると支払い手順が面倒だが、各サービスの競争が激しくお得なキャンペーンが頻繁に行われており、比較的小さな個人商店で使える点がメリットだ。ここでは「PayPay」を例に、基本的な使い方を解説する。

PayPayの初期設定と基本的な使い方

1 公式アプリをインストールする

PayPay

作者／PayPay Corporation
価格／無料

QRコード決済を利用するには、各サービスの公式アプリをインストールする必要がある。ここでは「PayPay」を例に使い方を解説するので、まずはPayPayアプリのインストールを済ませて起動しよう。

2 電話番号などで新規登録

電話番号とパスワードを入力して「新規登録」をタップ。または、Yahoo! JAPAN IDやソフトバンク・ワイモバイルのIDで新規登録できる。

3 SMSで認証を済ませる

電話番号で新規登録した場合は、メッセージアプリにSMSで認証コードが届くので、入力して「認証する」をタップしよう。

4 チャージボタンをタップする

ホーム画面が表示される。実際に支払いに利用するには、まず残高をチャージする必要があるので、バーコードの下にある「チャージ」ボタンをタップしよう。

5 チャージ方法を追加してチャージ

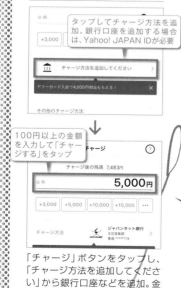

タップしてチャージ方法を追加。銀行口座を追加する場合は、Yahoo! JAPAN IDが必要

100円以上の金額を入力して「チャージする」をタップ

「チャージ」ボタンをタップし、「チャージ方法を追加してください」から銀行口座などを追加。金額を入力して「チャージする」をタップしよう。

バーコードを提示して支払う

PayPayの支払い方法は2パターン。店側に読み取り端末がある場合は、ホーム画面のバーコード、または「支払う」をタップして表示されるバーコードを店員に読み取ってもらおう

店のQRコードをスキャンして支払う

店側に端末がなくQRコードが提示されている場合は、「スキャン」をタップしてQRコードを読み取り、金額を入力。店員に金額を確認してもらい、「支払う」をタップすればよい

Webサービスやアプリのログイン情報を管理
パスワードの自動入力機能を活用する

パスワードの自動生成や重複チェックも

iPhoneでは、一度ログインしたWebサイトやアプリのIDとパスワードを「iCloudキーチェーン」に保存し、次回からはワンタップで呼び出して、素早くログインできる。このパスワード管理機能は、iOSのバージョンアップと共に強化されており、現在はWebサービスなどの新規ユーザー登録時に強力なパスワードを自動生成したり、同じパスワードを使いまわしているサービスを警告するといった機能も備えている。また、IDとパスワードの呼び出し先は「iCloudキーチェーン」だけでなく、「1Password」、「LastPass」、「Dashlane」「Keeper」、「Rembeear」などの、サードパーティー製パスワード管理アプリも利用できる。

保存したパスワードで自動ログインする

1 自動生成されたパスワードを使う

一部のWebサービスやアプリでは、新規登録時にパスワード欄をタップすると、強力なパスワードが自動生成される。このパスワードを使うと、そのままiCloudキーチェーンに保存される。

2 ログインに使った情報を保存する

Webサービスやアプリに既存のIDでログインした際は、そのログイン情報をiCloudキーチェーンに保存するかを聞かれる。保存しておけば、次回以降は簡単にIDとパスワードを呼び出せるようになる。

3 保存されているパスワードを確認

「設定」→「パスワードとアカウント」→「WebサイトとAppのパスワード」をタップし、Face IDなどで認証を済ませると、iCloudキーチェーンに保存されているID／パスワードを確認、編集できる。

POINT 連絡先やカード情報を自動で入力する

「設定」→「Safari」→「自動入力」で「連絡先の情報を使用」と「クレジットカード」をオンにしておけば、Safariでメールアドレスや住所、クレジットカード情報なども自動入力できるようになる。

4 自動入力機能と管理アプリ連携

「設定」→「パスワードとアカウント」→「パスワードを自動入力」のスイッチをオンにしておく。また「1Password」など他のパスワード管理アプリを使うなら、チェックを入れ連携を済ませておこう。

5 候補をタップするだけで入力できる

Webサービスやアプリでログイン欄をタップすると、キーボード上部に、保存されたパスワードの候補が表示される。これをタップするだけで、自動的にID／パスワードが入力され、すぐにログインできる。

6 候補以外のパスワードを選択する

表示された候補とは違うパスワードを選択したい場合は、候補右の鍵ボタンをタップしよう。このサービスで使う、その他の保存済みパスワードを選択して自動入力できる。

004

セキュリティ

のぞき見や情報漏洩を防御!

プライバシーを完璧に保護する
セキュリティ設定ポイント

他人に情報を盗まれないよう万全の設定を

仕事や遊び、日々の暮らしに密着して活躍するiPhoneには、さまざまなプラバシー情報が記録されている。大事な情報が漏洩しないよう設計されているが、それでも万全ではない。ウイルスやハッキングといった脅威以前に、ちょっとした隙にのぞき見されたり、勝手に操作されるという身近な危険に注意したい。まず、画面ロックの設定は必須だが、ロック画面でもいくつかの情報にアクセス可能だ。プライバシー保護を重視するなら、設定を見直しておきたい。その他、安全性を優先した設定ポイントを紹介するのでチェックしておこう。ただし、すべて実行すると操作性に影響してしまう。自分の使い方を考え、バランスを見ながら設定しよう。

画面ロックをしっかり設定する

1 画面ロックを設定する

iPhoneを不正使用されないよう、画面ロックは必ず設定しよう。初期設定時に設定していない場合は、「設定」→「Face ID (Touch ID)」→「iPhoneのロックを解除」をオンにし、顔(指紋)登録とパスコード設定を行う。

2 パスコードを複雑なものに変更

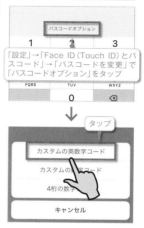

画面ロックは、顔(指紋)認証以外にも登録したパスコードでも解除可能。パスコードを6桁の数字から、自由な文字数の英数字コードに変更すれば、安全性は劇的に高まる。

3 自動ロックまでの時間を短くする

iPhoneは、しばらく操作しないと自動的にロックがかかる。この自動ロックまでの時間は、短い方が安全性が高まる。「設定」→「画面表示と明るさ」→「自動ロック」で設定しよう。

ロック画面のセキュリティをチェックする

1 ロック画面からも各種情報にアクセスできる

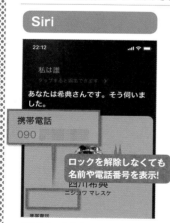

「設定」の「連絡先」や「Siriと検索」で「自分の情報」を設定している場合、他人がロック画面でSiriを起動し「私は誰?」と話しかけて情報を表示できる。ロック中のアクセスをオフにするか、「Siriと検索」で「サイドボタンを押してSiriを使用」をオフ、「"Hey Siri"を聞き取る」のみオンにして自分の声だけに反応するようにしよう。

ロック画面では、ウィジェットや通知も表示することができる。例えばカレンダーアプリでウィジェットや通知のプレビューを常に有効にしている場合、ロックを解除しなくても予定を表示することができる。

2 ロック中のアクセスをオフにする

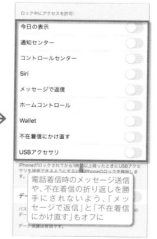

「設定」→「Face ID (Touch ID)とパスコード」の「ロック中にアクセスを許可」欄の各スイッチをオフにすれば、ロック画面で情報にアクセスできなくなる。ウィジェットは、「今日の表示」をオフにして非表示にする。

データ消去の設定をオンにする

「設定」→「Face ID (Touch ID)とパスコード」の一番下にある「データを消去」をオンにすると、パスコード入力に10回失敗した段階でiPhone内の全データが消去される。データ保護を最優先したい場合は設定しておこう。

SECTION

03

iPhone
活用
テクニック

通知を適切に設定する

1 メールやメッセージの通知を設定

メールやメッセージの通知をのぞかれるのが嫌なら、通知をオフにするか、表示の設定を変更しよう。「設定」→「通知」でアプリを選択。通知のオン／オフ、ロック画面への表示、バナー表示などを詳細に設定可能。

2 メールやメッセージのプレビューをオフに

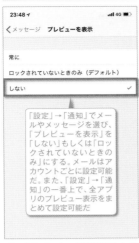

メールやメッセージが着信した際、プレビューを表示する設定にしていると、本文の一部も表示されてしまう。内容をのぞき見されそうで心配な場合は、通知の「プレビューを表示」を「しない」にしよう。

iPhoneの名前を変更する

1 AirDropで名前が表示される

AirDropが有効な状況では、近くのiPhone、iPadユーザーに名前を知られてしまう可能性がある。使わない時は、「設定」→「一般」の「AirDrop」で「受信しない」に設定しておくか、iPhoneの名前を変更しておこう。

2 iPhoneの名前を変更する

「設定」→「一般」→「情報」→「名前」でiPhoneの名前を変更しよう。複数のデバイスを使い分けていると区別に困ることもあるので、自分だけが分かる端末名を付けておくといいだろう。

iMessageで電話番号を知られないようにする

メッセージアプリでは意図せず電話番号を知られてしまうことも

メッセージアプリでiMessageのメールアドレス宛てにメッセージを送信した際、標準の設定のままだと相手に電話番号も知られてしまう。電話番号を教えたくない場合は、右の通り設定を変更しよう。

1 発信元アドレスを変更する

「設定」→「メッセージ」→「送受信」の「新規チャットの発信元」を、電話番号からメールアドレスに変更すると、受信側には電話番号ではなくこのアドレスが表示されるようになる。「新規チャットの発信元」が表示されない場合は、「iMessage着用用の連絡先情報」のメールアドレス（Apple IDのメールアドレス）をタップしてチェックを入れよう。

2 送受信用のアドレスを追加

送受信用のアドレスを追加したい場合は、「設定」の一番上からAapple IDの設定画面を開き、「名前、電話番号、メール」をタップ。「連絡先」欄の「編集」をタップし、続けて「メールまたは電話番号を追加」をタップして、アドレスを追加しよう。

3 Android宛てのSMSの場合

メッセージアプリでは、Android宛てにSMSを送信することもできるが、SMSは電話番号を使ったメッセージサービスなので、当然相手に電話番号を知られてしまう。これは仕様なので避けられない。

POINT iMessageの送受信用連絡先に関する基礎知識

iMessageの送受信用連絡先は、デフォルトでは電話番号とApple IDのメールアドレスが利用でき、さらにメールアドレスを追加することもできる。登録したメールアドレスは、iPhoneやiPad、Mac相手にメッセージアプリでiMessageをやり取りするための宛先情報になるだけだ。例えば、送受信用連絡先に追加したGmailアドレス宛てのiMessageを受け取った場合、当然Gmail上で通常のメールとしては受信されない。同様に、メールアプリからそのGmailアドレス宛てに送信されたメールは、メッセージアプリでは受信できない。

005

音声操作

ますます精度が高まった秘書機能

本当はもっと凄い！
絶対試したくなるSiriの活用法

実用的な操作から遊び心あふれる使い方まで紹介

電源ボタンやホームボタンを長押しして起動できる「Siri」は、「○○をオンに」、「○○に電話して」、「ここから○○までの道順は？」などとiPhoneに話しかけて、さまざまな情報検索や操作を行ってくれる秘書のような機能だ。Siriは、ここで紹介するような意外な使い方もできるので、試してみよう。また、「さようなら」と話しかけるとSiriを終了できるので覚えておこう。なお、あらかじめ「設定」→「Siriと検索」で機能を有効にしておく必要がある。

SECTION

0

3

iPhone
活用
テクニック

Siriの便利で楽しい使い方

流れている曲名を知る

「この曲は何？」

「この曲は何？」と話しかけ、音楽を聴かせることで、今流れている曲名を表示させることができる。

通貨を変換する

「128ドルは何円？」

例えば「128ドルは何円？」と話しかけると、最新の為替レートで換算してくれる。各種単位換算もお手のものだ。

家族の名前を登録

「妻に電話する」

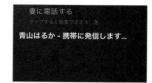

「妻（母や父などでもOK）に電話」と話しかけ、連絡先の名前を伝えると、家族として登録され、以降「妻に電話」で操作を行える。

リマインダーを登録

「○○すると覚えておいて」

「8時に○○に電話すると覚えておいて」というように「覚えておいて」と伝えると、用件をリマインダーに登録。

おみくじやサイコロ

「おみくじ」「サイコロ」

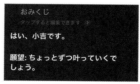

「おみくじ」でおみくじを引いてくれたり、「サイコロ」でサイコロを振ってくれるなど、遊び心のある使い方も。

設定した全アラームを削除

「アラームを全て削除」

ついアラームを大量に設定してしまう人は、Siriに「アラームを全て削除」と話しかければ簡単にまとめて削除可能。

Siriが持つ高度な機能

> ### 日本語から英語に翻訳する

Siriに「（翻訳したい言葉）を英語にして」と話しかけると、日本語を英語に翻訳し、音声で読み上げてくれる。再生ボタンをタップすれば、読み上げを何度でも再生できる。

> ### 保存されているパスワードを表示

Siriに「（Webサービスやアプリ）のパスワード」と話しかけ、画面ロックを解除すると、保存中のパスワードを表示してくれる。

「Hey Siri」を利用する

> ### 「Hey Siri」を許可しておく

「設定」→「Siriと検索」の「"Hey Siri"を聞き取る」をオンにする。画面の指示にしたがって、自分の声をSiriに認識させよう。

> ### 「Hey Siri」と呼びかけて起動

これで、電源（ホーム）ボタンを長押ししなくても、「Hey Siri」と呼びかけるだけでSiriを起動できるようになった。必要に応じて「設定」→「Siriと検索」の「ロック中にSiriを許可」もオンにしておこう

006
デザリング

iPhoneのテザリング機能を利用する

インターネット共有で
iPadやパソコンをネット接続しよう

iPhone を使って
ほかの外部端末を
ネット接続できる

iPhoneのモバイルデータ通信を使って、外部機器をインターネット接続することができる「テザリング」機能を利用すれば、ゲーム機やパソコン、タブレットなど、Wi-Fi以外の通信手段を持たないデバイスでも手軽にネット接続できるようになるので便利だ。通信キャリアごとにあらかじめ申し込みを済ませておけば、利用手順は簡単。iPhoneの「設定」から「インターネット共有」をオンにし、パソコンやタブレットなどの機器をWi-Fi接続するだけだ。BluetoothやUSBケーブル経由での接続も可能だ。

1 インターネット共有をオン

テザリングの利用には、キャリアによってオプション契約が必要（ドコモのみ無料）なので最初に確認しよう。テザリングオプションを申し込んでいるのに「インターネット共有」項目が表示されない場合は、一度iPhoneを再起動してみる。「設定」→「モバイル通信」にも「インターネット共有」設定が用意されている

iPhoneの「設定」→「インターネット共有」をオンにし、「"Wi-Fi"のパスワード」で好きなパスワードを設定しておこう。

2 外部機器とテザリング接続

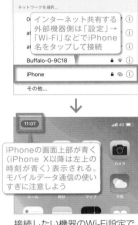

インターネット共有する外部機器側は「設定」→「Wi-Fi」などでiPhone名をタップして接続

iPhoneの画面上部が青く（iPhone X以降は左上の時刻が青く）表示される。モバイルデータ通信の使いすぎに注意しよう

接続したい機器のWi-Fi設定で、アクセスポイントとして表示されるiPhoneを選択。パスワードを入力すればテザリング接続できる。

POINT

iPadとのテザリングはもっと簡単

iPadなどのiOS端末からiPhoneにテザリング接続する場合は、より簡単な接続が可能だ。iPad側で「設定」→「Wi-Fi」を開き、接続したい端末名を選ぶだけ。ただし、両端末とも同じApple IDでiCloudにサインインし、Bluetoothがオンになっていることが条件だ。

007
画面

ランドスケープモードを使いこなそう

横画面だけで使える
iOSの隠し機能

画面ロックを
解除して本体を
横向きにしよう

アプリによっては、iPhoneを横向きの画面（ランドスケープモード）にした時だけ使える機能が用意されている。例えば、メッセージアプリで手書き入力を利用したり、計算機アプリで関数電卓を使うといったことが可能だ。まずはコントロールセンターを開いて、「画面縦向きのロック」ボタンをオフにしておこう。これで、iPhoneを横向きにした時に、アプリの画面も横向きに回転する。なお、従来のPlus系の機種はホーム画面も横向きに出来たが、XS Max以降の機種はできなくなっている。

1 画面縦向きのロックを解除する

オフにしておく

画面が縦向きにロックされていると、横画面にできない。コントロールセンターの「画面縦向きのロック」ボタンがオンの時は、これをオフにしておこう。

2 メッセージや計算機を横画面で利用する

メッセージは横向きにすると、キーボードに手書きキーが表示される。これをタップすると手書き文字を送信できる。受信すると筆跡通りのアニメーションで表示される

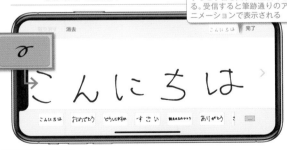

計算機は横画面にすると、本格的な関数電卓に切り替わり、さまざまな数式を入力できるようになる

008 文字入力
スピーディに誤字を修正する
入力確定した文章を後から再変換する

iOSでは、入力済みのテキストを範囲選択すると再変換候補が表示される。文書を後から見直して発見した誤字を、入力し直すことなく素早く訂正可能だ。

再変換したい部分を選択すると、キーボードの上に再変換候補が表示される。タップして選択しよう

「にこにこ」や「おにぎり」、「ライオン」といったテキストから絵文字への再変換も行える

009 文字入力
編集作業が劇的に効率化する
文章をドラッグ＆ドロップで編集する

文章の一部を入れ替えたり移動させたい時は、カット＆ペーストを使うよりも、選択した文章をドラッグ＆ドロップする方が早い。編集作業が効率化するので覚えておこう。

まずは移動したいテキスト部分を範囲選択し、選択範囲をロングタップしよう

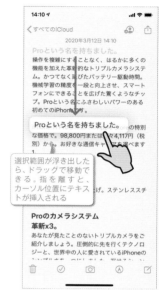

選択範囲が浮き出したら、ドラッグで移動できる。指を離すと、カーソル位置にテキストが挿入される

010 文字入力
一筆書きのように文字を入力
キーボードをなぞって英文を入力する

iPhoneでは「英語」キーボードに切り替えた時のみ、キーボードを指を離さずに一筆書きのようになぞるだけで、なぞったキーから予測される英単語を入力できる。

「設定」→「一般」→「キーボード」→「なぞり入力」のオンを確認しておく。「キーボード」で英語キーボードも追加しておくこと

なぞったキーから予測される英単語が入力されるので、同じ文字が2回続く英単語などでも、例えば「a」→「p」→「l」→「e」となぞればAppleを入力できる

011 文字入力
「空白」や「space」キーを長押しする
カーソルを自在に動かすトラックパッドモード

「空白」もしくは「space」キーをロングタップすると、キーが消えてトラックパッドモードになる。この状態で指を動かすと、カーソルをスムーズに動かせる。

キーボードの「空白」や「space」キーをロングタップしてみよう。3D Touch対応機種は、キーボード上のどこでもよいので強く押し込む

このようにキーの表示が消えてトラックパッドモードになる。トラックパッド上で指をスワイプしてカーソルを自由に動かせるようになる

012
ユーザ辞書

メールアドレスや住所を予測変換に表示させる
よく使う言葉や文章を辞書登録して入力を最速化

メールアドレスや住所を登録しておくと便利

よく使用する固有名詞やメールアドレス、住所などは、「ユーザ辞書」に登録しておくと、予測変換からすばやく入力できるようになり便利だ。まず本体の「設定」→「一般」→「キーボード」→「ユーザー辞書」を開き、「＋」ボタンをタップ。新規登録画面が開くので、「単語」に変換するメールアドレスや住所を入力し、「よみ」に簡単なよみがなを入して、「保存」で辞書登録しよう。次回からは、「よみ」を入力すると、「単語」の文章が予測変換に表示されるようになる。

1 ユーザ辞書の登録画面を開く

「設定」→「一般」→「キーボード」→「ユーザ辞書」をタップし、右上の「＋」ボタンをタップしよう。この画面で登録済みの辞書の編集や削除も行える。

2 「単語」と「よみ」を入力して保存する

「単語」に変換したいメールアドレスや住所を入力し、「よみ」に簡単に入力できるよみがなを入力して「保存」をタップすれば、ユーザ辞書に登録できる。

3 変換候補に「単語」が表示

「よみ」に設定しておいたよみがなを入力してみよう。予測変換に、「単語」に登録した内容が表示されるはずだ。これをタップすれば、よく使うワードや文章をすばやく入力できる。

013
文字入力

使いこなせばキーボードよりも高速に
精度の高い音声入力を本格的に利用しよう

認識精度も高く長文入力にも利用できる

iPhoneで素早く文字を入力したいなら、ぜひ音声入力を試してみよう。現在のiPhoneの音声認識能力は十分実用に耐えうる性能を備えており、長文入力にも対応できるほどだ。認識精度も高く、テキスト変換も発音とほぼ同時に行われる。句読点や記号、改行などの入力に慣れてしまえば、キーボードよりも高速に入力できるようになるかもしれない。誤入力や誤変換があっても、とりあえず最後まで音声入力し、後から間違いを選択して再変換する方法がおすすめだ。

1 音声入力モードに切り替える

あらかじめ「設定」→「一般」→「キーボード」で「音声入力」を有効にしておき、キーボード右下にあるマイクボタンをタップすると、音声入力に切り替わる。

2 音声でテキストを入力する

英語キーボードの状態でマイクボタンをタップすると、英語の音声入力モードになるので要注意。左下の地球儀ボタンで日本語に切り替えられる

POINT
句読点や記号を音声入力するには

改行	かいぎょう
スペース	たぶきー
、	てん
。	まる
「	かぎかっこ
」	かぎかっことじ
！	びっくりまーく
？	はてな
・	なかぐろ
…	さんてんりーだ
．	どっと
／	すらっしゅ
＠	あっと
：	ころん
￥	えんきごう
※	こめじるし

設定の見直しでデータ通信の使いすぎを防ぐ

通信制限を回避する 通信量チェック&節約方法

料金アップや 通信速度の制限 を避けよう

使った通信量によって段階的に料金が変わる段階制プランだと、少し通信量をオーバーしただけでも次の段階の料金に跳ね上がる。また定額制プランでも段階制プランでも、決められた上限を超えて通信量を使い過ぎると、通信速度が大幅に制限されてしまう。このような、無駄な料金アップや速度制限を避けるためには、現在のモバイルデータ通信量をこまめにチェックするのが大切だ。今月の残りデータ量の確認や、通信量を節約する方法を知っておこう。

現在のデータ通信量の確認方法を知っておこう

> ### ドコモ版での 通信量確認方法

「My docomo」アプリをインストールし、dアカウントでログイン。「データ量」画面で、当月／先月分の合計や、3日間のデータ通信量、速度低下までの残りデータ通信量など詳細を確認できる。

> ### au版での 通信量確認方法

「My au」アプリをインストールし、au IDでログイン。「データ利用」画面で、今月のデータ残量や、データの利用履歴などを確認することができる。

> ### ソフトバンク版での 通信量確認方法

「My SoftBank」アプリをインストールし、SoftBank IDでログイン。「データ通信量」画面で、今月のデータ残量を数値とグラフで確認することができる。

通信速度の規制条件と解除

> ### データ量超過で 速度は128kbpsに

定額制プランで決められた容量や、段階制プランでも上限を超えると、通信速度は大幅に制限される。ほとんどのキャリアやプランでは、規制されたあとの通信速度が128kbpsになってしまう。これは、少し重いWebページもまともに開けなくなるほどの超低速だ。元の通信速度に戻るまでの期間は下の通り。すぐに高速通信を使いたいなら、1GBあたり1000円程度の追加料金を払えば、元の速度に戻すことも可能だ。

ドコモ		
月間データ量超過	→	当月末まで規制
au		
月間データ量超過	→	当月末まで規制
直近3日で6GB使用	→	終日規制
ソフトバンク		
月間データ量超過	→	請求月末まで規制
直近3日で3GB使用	→	当日午前6時〜翌日午前6時まで規制

> ### 速度規制中でも メールやLINEはOK!

青山太郎

通信制限中でもFaceTimeやLINEの音声通話は問題なく利用可能

通信速度が規制された128kbpsの回線でも、メール、LINEのトークや音声通話、FaceTimeオーディオの通話程度であれば、問題なく利用できる。ただし、マップ操作や動画再生はほぼ無理なので、利用したければ1GBあたり1000円程度の追加料金を支払って制限を解除するしかない

ウィジェットで通信量を確認

Databit

作者／Jorge Cozain
価格／240円

1 契約データ量と締め日 現在の使用量を入力

画面右上の歯車ボタンで設定を開き、「期間の通信量」に月の契約データ量を、「期間詳細」に請求締日を入力。初回は、キャリアのアプリなどで残データ量を確認し、「利用可能な通信量」に入力する。

2 ウィジェット画面で 通信量をチェック

多少誤差は生じるが、2種類のウィジェットで手軽に確認できる。なおMy docomoアプリもウィジェットが用意されており、より正確なデータ量を確認できるのでドコモユーザーはそちらを利用しよう

iPhoneのホーム画面を右にスワイプしてウィジェット画面を開き、一番下の「編集」から、「Databit」のウィジェットを追加しておこう。使用済み容量と残りのデータ量、残り日数を、素早く確認できる。

省データモードやアプリごとの通信制限を施す

1 省データモードを利用する

> 「設定」→「モバイル通信」→「通信のオプション」で、「省データモード」をオン

残りデータ通信量が少ない時は、モバイル通信の設定で「省データモード」をオンにしよう。自動アップデートや自動ダウンロードなどのバックグラウンド通信が制限され、モバイル通信料を全体的に節約できる。

2 アプリのデータ通信利用を禁止する

> YouTubeなど、動画再生で通信量が増加しがちアプリはオフにしておこう。なお、この画面には一度モバイルデータ通信を使ったアプリしか表示されない

モバイルデータ通信中にうっかりストリーミング動画などを再生しないよう、アプリごとにモバイルデータ通信の使用を禁止することもできる。「設定」→「モバイル通信」で、禁止するアプリをオフにすればよい。

3 オフに設定したアプリを起動すると

> 「設定」をタップして、モバイルデータ通信の使用をすぐに開始することもできる

モバイルデータ通信の使用をオフにしたアプリを、Wi-Fiオフの状態で起動すると、このようなメッセージが表示される。これで、意図せずモバイルデータ通信を使ってしまうことを防止できる。

4 さらに細かく設定できるアプリも

> ミュージックアプリでは、「設定」→「ミュージック」→「モバイルデータ通信」で、ストリーミングやダウンロードにデータ通信を使うかどうかを個別に設定できる

ミュージック、iTunes Store、App Store、iCloud、そのほかサードパーティ製のアプリの一部では、機能によって細かくモバイルデータ通信を使用するかどうかを設定できる。

通信量を節約するための設定ポイント

> アプリのダウンロードはWi-Fiで

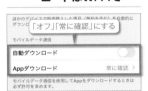

> 「オフ」「常に確認」にする

「設定」→「iTunes StoreとApp Store」の「モバイルデータ通信」欄で、「自動ダウンロード」をオフ。「Appダウンロード」も「常に確認」にしておこう。

> バックグラウンド更新をオフにする

> オフにする

「設定」→「一般」→「Appのバックグラウンド更新」で、バックグラウンド更新の必要ないアプリはすべてオフにしておく。

> ミュージックのデータ通信をオフ

> オフにする

「設定」→「ミュージック」→「モバイルデータ通信」をオフにしておけば、ダウンロードやストリーミングにモバイルデータ通信を使わない。

> SNSアプリのデータ通信設定

主要SNSアプリのモバイルデータ通信設定もチェックしておこう。Twitterの「設定とプライバシー」→「データ利用の設定」で「データセーバー」をオンにすると、動画の自動再生が行われず、動画や画像の画質も低画質で表示され、通信量を節約できる。Facebookでは、「設定」→「動画と写真」で動画の自動再生やアップロードの設定を行える。また、LINEでは、「設定」→「写真と動画」で同様の設定が可能だ。通信量の節約重視であれば、自動再生をオフにし、送受信する写真や動画の画質も低画質にしておこう。

> iCloud DriveはWi-Fi接続時に同期

> オフにする

「設定」→「モバイル通信」の下部にある「iCloud Drive」をオフにしておけば、Wi-Fi接続時のみ書類とデータを同期する。

> Wi-Fiアシストをオフにする

> オフにする

「設定」→「モバイルデータ通信」の下部にある「Wi-Fiアシスト」をオフにしておけば、Wi-Fi接続が不安定な時に勝手にモバイルデータ通信に切り替わらない。

> メールの画像読み込みをオフ

> オフにする

「設定」→「メール」→「サーバ上の画像を読み込む」をオフにしておけば、HTMLメールに埋め込まれた画像を自動的に表示しなくなる。

> マップによるモバイルデータ通信を節約したいなら、オフラインマップに対応した「Googleマップ」を使おう（P101で解説）。あらかじめ地図データを端末内にダウンロードしておくことで、オフラインの状態でもダウンロードした範囲の地図を表示したり、地名やスポットを検索できる

POINT 意外と通信量を消費するマップの操作に注意

外出先で使うと、意外と通信量を消費するのが「マップ」だ。標準マップに限らずGoogleマップなどでも同様に、拡大・縮小などの操作を行うたびに読み込みが発生するので、通信量が膨大になる。

> 特に航空写真での拡大・縮小操作はNG!

> オフラインでも使えるマップアプリを試そう

Googleマップ

作者／Google LLC
価格／無料

015
通知

おやすみモードで通知を無効化
一定時間あらゆる通知を停止する

就寝中など通知に邪魔をされたくない時に

iOSには、「おやすみモード」が搭載されており、指定した時刻の間だけ、通知の表示や電話の着信などを停止させることができる。就寝時に通知や着信で睡眠を邪魔されたくない人には便利な機能だ。また、ゲームのプレイ中や動画の視聴中など、通知や着信を一時的に無効にしておきたいといった状況でも活用できる。この場合は、「設定」→「おやすみモード」で通知の設定を「常に知らせない」にチェックを入れておこう。なお、標準状態では、「iPhoneのロック中のみ知らせない」の設定になっている。

1 おやすみモードを設定する

「設定」→「おやすみモード」で「おやすみモード」のスイッチをオンにしよう。「常に知らせない」にチェックを入れれば、操作中でも通知や着信が無効になる。

2 通知が一切表示されなくなる

おやすみモード中は、コントロールセンター（iPhone X以降）やステータスバー（iPhone 8以前）に月のマークが表示。また、コントロールセンターで機能のオン／オフも行える。

3 特定の相手のみ着信を許可する

おやすみモードでも、特定の相手の着信のみ許可することが可能。電話アプリの「よく使う項目」だけ許可したり、同じ人から3分以内に2度目の着信があった場合は許可することもできる。

016
リモコン

便利な操作法を覚えよう
通話もできる付属イヤホンEarPodsの使い方

標準で付属しているイヤホン「EarPods」には、iPhoneを操作できるリモコンが備わっている。このリモコンでは、ミュージックアプリのコントロールはもちろん、搭載マイクで電話やFaceTimeの通話も可能だ。

リモコンの主な操作方法

◎電話
●電話に出る／通話を終了する
センターボタンを押す
●着信に出ない
ビープ音が2回鳴るまでセンターボタンを長押しする
●複数通話の切り替え
割込通話が着信した際にセンターボタンを押すと、通話相手が切り替わる。現在の通話を終了して切り替える場合はセンターボタンを長押しし

◎ミュージック／ビデオ
●再生／一時停止
センターボタンを押す
●次の曲、チャプターへスキップ
センターボタンを素早く2回押す

●曲、チャプターの先頭へ
センターボタンを素早く3回押す。曲、チャプターの先頭で3回押すと前の曲、チャプターへスキップする
●早送り
センターボタンを素早く2回押して2回目を長押しする
●巻き戻し
センターボタンを素早く3回押して3回目を長押しする

◎その他
●写真、ビデオの撮影
音量ボタンを押す。ビデオ撮影を終了する際は再度音量ボタンを押す
●Siriの起動
センターボタンを長押しする。終了の際はセンターボタンを押す

017
連絡先

意外と手間取る作業を効率化
複数の連絡先をまとめて削除する

連絡先データを削除するには、連絡先情報を表示し「編集」→「連絡先を削除」→「連絡先を削除」をタップする手順が必要だ。複数の連絡先を削除したい場合は意外と手間がかかるので、パソコンのWebブラウザでiCloud.comにアクセスして素早く一括削除しよう。

iCloud.comで連絡先を開き、shiftやctrl（Macではcommand）キーを使って連絡先を複数選択。左下の歯車ボタンで「削除」を選ぶか、Back Space（Macではdelete）キーでまとめて削除できる

018
データ送受信

AirDropで手軽にデータを送受信
iPhone同士で写真や
データを簡単にやり取りする

AirDropで
さまざまなデータを
送受信する

　iOSの標準機能「AirDrop」を使えば、近くのiPhoneやiPadと手軽にデータをやり取りできる。AirDropを使うには、送受信する双方の端末が近くにあり、それぞれのWi-FiとBluetoothがオンになっていることが条件だ。まずは、受信側のコントロールセンターで「AirDrop」をタップし、「連絡先のみ」か「すべての人」に設定。相手の連絡先が連絡先アプリに登録されていない場合は、「すべての人」に設定しよう。あとは送信側の端末で、各アプリの共有機能を用いて相手にデータを送信すればOKだ。

1 受信側でAirDrop を許可しておく

受信側の端末でコントロールセンターを表示し、左上のWi-Fiなどのボタンがある部分をロングタップ。続けて「Air Drop」をタップし、「すべての人」に設定する。Wi-FiとBluetoothもオンにしておこう。

2 送信側で送りたい データを選択する

送信側の端末で送信作業を行う。写真の場合は「写真」アプリで写真をタップして共有ボタンをタップ。検出された相手の端末名をタップすればいい。

3 受信側の端末で データが受信

受信側にこのようなダイアログが表示される。「受け入れる」をタップすれば即座にデータの送受信が行われる。

019
Safari

余計な読み込みを防いで通信量も節約
Safariに不要な広告を
表示しないようにする

別途広告ブロック
アプリのインストール
も必要

　Safariでは広告を非表示にする「コンテンツブロック」機能が用意されている。ただしSafari単体では動作せず、別途「280blocker」などの広告ブロックアプリが必要なので、あらかじめインストールを済ませておこう。広告をブロックすることで、余計な画像を読み込むことなくページ表示が高速になり、データ通信量も節約できる。

280blocker

280blocker｜作者／Yoko Yamamoto 価格／500円

1 コンテンツブロッカー を有効にする

アプリをインストールしたら、「設定」→「Safari」→「コンテンツブロッカー」をタップ。「280blocker」のスイッチをオンにしておこう。

2 「280blocker」の 機能をオンにする

「280blocker」を起動し「広告をブロック」をオンにする。「SNSアイコンを非表示」と「最新の広告への対応」もオンにしておくのがおすすめだ。

3 Safariで広告が 非表示になる

Safariで開いたWebページの広告が表示されなくなった。余計な画像を読み込まないので表示が高速になり、データ通信量も節約できる。

020
Wi-Fi
入力の手間が省ける便利機能
Wi-Fiのパスワードを一瞬で共有する

端末同士を近づけるだけで共有完了

　iOS 11以上の端末同士なら、自分のiPhoneに設定されているWi-Fiパスワードを、一瞬で相手の端末にも設定可能。友人に自宅Wi-Fiを利用してもらう際など、パスワード入力の手間が省ける上、パスワードの文字列が表示されないので、セキュリティ面も安心だ。手順も簡単で、相手端末の「設定」→「Wi-Fi」でネットワークを選び、パスワード入力画面を表示。後は、自分のiPhoneを近づけてメニューをタップするだけ。なお、この機能を利用するには、相手のApple IDのメールアドレスが連絡先に登録されている必要がある。

1 Wi-Fi接続したい相手端末の操作

Wi-Fi接続したい端末で、「設定」→「Wi-Fi」を開く。接続したいネットワーク名をタップし、パスワード入力画面を表示する。

2 iPhoneを相手の端末に近づける

Wi-Fiパスワード設定済みの自分のiPhoneを、相手の端末に近づける。このような画面が表示されるので、「パスワードを共有」をタップする。

3 一瞬でパスワードが入力され接続が完了

一瞬でパスワードが入力され、Wi-Fiに接続された。その際、パスワードの文字列が表示されないため、セキュリティ面でも安心できる機能だ。

021
自動操作
Siriとも連携できる
よく行う操作を素早く呼び出せる「ショートカット」

アプリの面倒な操作をまとめてすばやく実行

　「ショートカット」は、よく使うアプリの複数の操作をまとめた、ショートカットを作成するためのアプリだ。一度タップするかSiriに一言伝えるだけで、自動実行できるようになる。まずは「ギャラリー」画面のショートカットを登録すると、どんな事ができるかイメージしやすいだろう。変数や正規表現を使った、より複雑なショートカットも自作できる。

ショートカット

作者／Apple
価格／無料

1 ギャラリーからショートカットを取得

下部メニューの「ギャラリー」を開くと、Appleが用意したショートカットが一覧表示される。まずはこれらのショートカットを追加して使ってみるのがいいだろう。

2 マイショートカットで管理する

ギャラリーから取得したショートカットは、「マイショートカット」画面で管理する。「+」ボタンで、自分で一からショートカットを作成することも可能だ。

3 特定条件で自動実行するオートメーション

「オートメーション」画面では、時刻や場所、設定などの指定条件を満たした時に、自動的に実行するショートカットを作成できる。

022

地図

標準マップより圧倒的に正確
機能も精度も抜群な Googleマップを利用しよう

旅行はもちろん 日々の移動でも 必ず大活躍

iOSの標準マップアプリよりもさらに情報量が多く、正確な地図がGoogleマップだ。地図データの精度をはじめ、標準マップより優れた点が多いので、メインの地図アプリとしてはGoogleマップをおすすめしたい。住所や各種スポットの場所を地図で確認するのはもちろん、2つの地点の最適なルート、距離や所要時間を正確に知ることができる経路検索、地図上の実際の風景をパノラマで確認できるストリートビュー、指定した場所の保存や共有など、助かる機能が満載だ。

Googleマップ

作者／Google, Inc.
価格／無料

Googleマップの基本操作

1 キーワードで 場所を検索

ここに住所や施設名を入力。右端のユーザーボタンをタップしてメニューを表示。「ホテル」や「コンビニ」などで検索すると、地図上に該当スポットをまとめて表示できる。

現在地を表示

画面上部の検索ボックスに住所や施設名を入力して場所を検索する。

2 経路検索で ルートを検索

Googleアカウントでログインしていれば、検索履歴から素早く入力可能。また、連絡先に保存している名前を入力することで、登録してある住所を呼び出すこともできる

右下の経路検索ボタンをタップすると、出発／目的地を入力して経路検索ができる。移動手段は車や公共交通機関の他に、徒歩、タクシー、飛行機なども選択可能だ。

3 ルートと距離 所要時間が表示

オプションメニューボタン（3つのドット）で経由地の追加などを行える

自動車で検索すると、最適なルートがカラーのラインで、別の候補がグレーのラインで表示。所要時間と距離も示される。

Googleマップの便利な機能を活用する

> 今いる場所を 正確に知らせる

ロングタップ

「現在地を送信」をタップ

現在地を知らせたい時は、ホーム画面のGoogleマップアプリをロングタップしよう。表示されたメニューで「現在地を送信」をタップし、続けて共有メニューで、メールやメッセージなどの共有方法を選択すればよい。

> 調べた場所を 保存しておく

「保存」をタップし、リストを選択。新しいリストも作成できる

検索結果やマップにピンを立てた際の、画面下部のスポット情報部分をタップして、詳細画面で「保存」をタップ。保存先リストを選択して、スポットを保存する。

> 自宅や職場を 登録しておく

右端のオプションメニューボタン（3つのドット）で、編集や削除を行える

下部メニューの「保存済み」を開き、「ラベル付き」欄の「自宅」および「職場」をタップして住所を入力。経路検索の入力画面に「自宅」「職場」の項目が表示され、タップするだけで出発地もしくは目的地に登録できるようになり、利便性が大きく向上する。

> オフラインマップ を利用する

タップ

タップ

検索ボックス右のユーザーボタンから「オフラインマップ」→「自分の地図」をタップ。保存したい範囲を決めて「ダウンロード」をタップすると、枠内の地図データが保存され、オフライン中でも利用できる。

既読回避やブロック確認まで裏技を紹介

LINEで知っておくべき便利機能や必須設定

よく使う人も たまに使う人も チェックしたい機能

　コミュニケーションツールのスタンダードとも言える「LINE」。友人とのトークを楽しんでいる人だけではなく、会社やサークルの連絡用に使わざるをえない人も多いはずだ。ここでは、便利なだけではなく、LINE特有の余計なストレスを回避できる設定やテクニックを紹介する。特にLINEで問題になるのが既読通知機能。相手がメッセージを読んだかどうか確認できて便利な反面、受け取った側は返信のプレッシャーにおそわれがち。そこで、既読を付けずにメッセージを読む方法を覚えておこう。

LINE

作者／LINE
Corporation
価格／無料

トークの送信取り消しと検索

＞ トークの送信を 取り消す

取り消したいトークや画像をロングタップし、「送信取消」→「送信取消」をタップで取り消せる。ただし相手に届いた通知内容までは取り消せないほか、相手のトーク画面に「メッセージの送信を取り消しました」と表示されるので、トークを送信した履歴は残る

相手を間違えてメッセージを送ってしまった場合、送信してから24時間以内なら、ロングタップして「送信取消」をタップすれば、相手のトーク画面からメッセージを消すことができる。

＞ トークの内容を 検索する

キーワードを入力し、検索結果からトークルームを選択

検索結果のメッセージをタップすると、トーク画面が開き、キーワード部分がハイライト表示される

「ホーム」または「トーク」画面上部の検索欄で、すべてのトークルームからキーワードを含むトークの検索が可能だ。検索結果をタップすると、キーワードが緑色でハイライトされた状態で開く。

＞ 通知を一時的に 停止する

LINEの設定で「通知」→「一時停止」をタップし、「1時間停止」または「午前8時まで停止」にチェック

LINEからの通知を一時的に停止したい場合は、「ホーム」画面左上の歯車ボタンをタップし、「通知」→「一時停止」をタップ。「1時間停止」または「午前8時まで停止」にチェックしよう。

既読を付けずにメッセージを読む方法

1 LINEのプレビュー 表示をオンにする

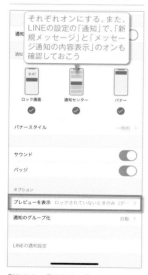

それぞれオンにする。また、LINEの設定の「通知」で、「新規メッセージ」と「メッセージ通知の内容表示」のオンも確認しておこう

「設定」→「通知」→「LINE」で「通知センター」（必要なら「ロック画面」も）をオン。「プレビューを表示」を「常に」か「ロックされていないときのみ」にしておく。

2 通知センターで 内容を確認する

「設定」→「画面表示と明るさ」→「テキストサイズを変更」で文字サイズを最小にしておけば、最大で116文字まで表示可能だ

LINEのプレビュー表示をオンにしていれば、通知センターである程度内容を把握できる。文字サイズを小さくしておけば、さらに表示量が増える。

3 通知センターの プレスで全文表示

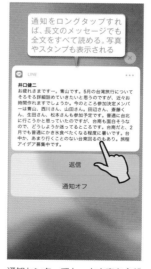

通知をロングタップすれば、長文のメッセージでも全文をすべて読める。写真やスタンプも表示される

通知センターでトーク内容を全部読めなくても、通知をロングタップすることで、全文を表示できる。この状態でも既読は付かない。

4 相手の名前を ロングタップ

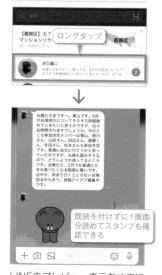

ロングタップ

既読を付けずに1画面分読めてスタンプも確認できる

LINEのプレビュー表示をオフにしており、通知画面で確認できない場合は、トーク一覧画面で相手をロングタップ。1画面分がプレビュー表示される。

ブロックされているか確認

1 スタンプをプレゼントする

スタンプのプレゼント機能を利用することで、友だちにブロックされているかどうかを判別できる。スタンプショップで適当な有料スタンプを選び、「プレゼントする」をタップ。

2 表示内容でブロックを判断

友だちを選択し「OK」をタップする。「すでにこのスタンプを持っているためプレゼントできません。」と表示されたら、ブロックされている可能性がある。相手が持っていないと思われる複数のスタンプで試してみよう。

起動にパスコードロックを施す

1 プライバシー管理でロックを施す

LINEの設定を開き「プライバシー管理」→「パスコードロック」をオンにする。「Face（Touch）ID」もオンにしておけば、顔認証または指紋認証でロックを解除できるようになる。

2 LINEの起動にロックが設定

設定した4桁のパスコードを入力するか、Face IDまたはTouch IDによる認証を行わないと起動できなくなり、のぞき見や不正使用を防ぐことができる。

固定電話にも無料発信可能なお得機能

1 LINE Out Freeを起動する

「ホーム」画面を開いて、「サービス」欄の「すべて見る」をタップ。サービス一覧から「LINE Out Free」を探してタップしよう。

2 電話と同様の発信方法

左上のキーパッドで電話番号を入力するか右上の連絡先（iPhoneの「設定」→「プライバシー」→「連絡先」でLINEのスイッチがオンになっている必要がある）から選択して発信する。

3 広告表示の後発信できる

連絡先を選択するか電話番号を入力し、発信ボタンをタップ。認証画面が表示されたら「認証」をタップしてSMS認証を行おう。

4 固定・携帯電話と無料通話できる

固定電話とは3分、携帯電話とは1分無料通話できる。終了20秒前には合図の音が鳴るが、制限時間になると自動的に通話が終了するので要注意。

POINT 同じアカウントをiPadでも同時利用する

iPhoneで使用しているLINEアカウントを使って、iPadでもトークや通話を利用可能だ。iPadのLINEアプリを起動し、「QRコードログイン」をタップ（メールドレスでもログインできるが、QRコードの方が手間なく操作できるのでおすすめ）。iPhoneのLINEの「ホーム」画面右上にある「友だち追加」ボタンをタップし、「QRコード」でiPadに表示されたQRコードを読み取ろう。友だちやトーク履歴を同期して利用可能になる。

 →

iPadのLINEアプリを起動し、「QRコードログイン」をタップ。

表示されたQRコードを、iPhoneで読み取るだけでログインできる。

iPhoneトラブル解決 総まとめ

iPhoneがフリーズした、アプリの調子が悪い、圏外から復帰しない、ストレージ容量が足りない、紛失してしまった……などなど。よくあるトラブルと、それぞれの解決方法を紹介する。

動作にトラブルが発生した際の対処法

解決策 まずは機能の終了と再起動を試そう

iPhoneの調子が悪い時は、本体の故障を疑う前に、まずは自分でできる対処法を試そう。

まず、画面が表示されず真っ暗になる場合は、単に電源が入っていないか、バッテリー切れの可能性がある。一度バッテリーが完全に切れた端末は、ある程度充電しないと電源を入れられないので、しばらく充電しておこう。十分な時間充電しても電源が入らない場合は、ケーブルや電源アダプタを疑ったほうがよい。Apple純正品か、Apple MFi認証済みの製品を使わないと、正常に充電できない場合がある。

また、Wi-FiやBluetooth、各アプリの動作がおかしい時は、該当する機能やアプリを一度終了してから、再度起動すれば直ることが多い。完全終了してもまだアプリの調子が悪いときは、そのアプリをいったん削除して、再インストールしてみよう。

iPhoneの画面が、タップしても何も反応しない「フリーズ」状態になったら、本体を再起動してみるのが基本だ。強制的に再起動する方法は、iPhone X以降と8／8 Plus、iPhone 7／7 Plus、iPhone 6s以前の機種で異なるので注意。再起動してもまだ調子が悪いなら、各種設定をリセットするか、次ページの手順に従ってiPhoneを初期化してみよう。

> ### 各機能をオフにしもう一度オンに戻す

オフにしてすぐオンに戻す。これだけの操作で不調が解消されることも多い。なおコントロールセンターのボタンでは、Wi-FiとBluetoothを完全にオフにできないので、「設定」でスイッチを操作しよう

Wi-FiやBluetoothなど、個別の機能が動作しない場合は、設定からその機能を一度オフにして、再度オンにしてみよう。

> ### 不調なアプリは一度終了させよう

iPhone X以降では、画面を下から上にスワイプする途中で止める。それ以外の機種では、ホームボタンを2回押すと、Appスイッチャーが表示される。不調なアプリを上にフリックして、強制終了させよう。プレイヤーや通話アプリなど、特にバックグラウンドで動作するアプリはこの方法で完全に終了させた後、再度起動すると状況が改善する場合が多い

アプリが不調なら、Appスイッチャーを表示し、一度アプリを完全に終了させてから再起動してみよう。

> ### アプリを削除して再インストールする

アイコンをロングタップし（メニューが表示された場合もタップし続ける）、アイコンが振動した状態になったら、左上に表示される「×」をタップして削除。一度購入したアプリは、App Storeから無料で再インストールできる

再起動してもアプリの調子が悪いなら、一度アプリを削除し、App Storeから再インストール。これで直る場合も多い。

> ### 本体の電源を切って再起動してみる

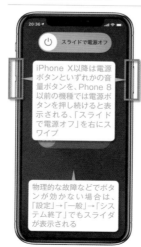

iPhone X以降は電源ボタンといずれかの音量ボタンを、Phone 8以前の機種では電源ボタンを押し続けると表示される、「スライドで電源オフ」を右にスワイプ

物理的な故障などでボタンが効かない場合は、「設定」→「一般」→「システム終了」でもスライダが表示される

「スライドで電源オフ」を表示させて右にスワイプで電源を切り、その後電源ボタンの長押しで再起動できる。

> ### 本体を強制的に再起動する

iPhone X以降と8／8 Plusの場合、音量を上げるボタンを押してすぐ離し、次に音量を下げるボタンを押してすぐ離す。最後に電源ボタンを10秒以上長押しし、という手順で強制再起動できる

「スライドで電源オフ」を表示できない場合は、強制再起動を試そう。iPhone X以降と8／8 Plusの場合は上記手順で、iPhone 7／7 Plusの場合は電源ボタンと音量を下げるボタンを同時に10秒以上長押しし、iPhone 6s以前の機種は電源ボタンとホームボタンを同時に10秒以上長押しすればよい。

> ### それでもダメなら各種リセット

まだ調子が悪いなら「設定」→「一般」→「リセット」の項目を試す。データがすべて消えていいなら、次ページの方法で初期化しよう。

トラブルが解決できない場合のiPhone初期化方法

解決策 バックアップさえあれば初期化後にすぐ元に戻せる

P104のトラブル対処をひと通り試しても動作の改善が見られないなら、「すべてのコンテンツと設定を消去」を実行して、端末を初期化してしまうのがもっとも簡単＆確実なトラブル解決方法だ。

初期化前には、バックアップを必ず取っておきたい。基本はiCloudバックアップ（P026を参照）さえ有効にしておけば、iPhoneが電源に接続中でロック中、さらにWi-Fiに接続されている時に、自動でバックアップを作成してくれるので、突然動かなくなった場合にも慌てなくてよい。ただしiCloudは無料の容量が5GBまでなので、バックアップサイズが大きすぎるとすべてのデータをバックアップできない。また一部アプリは初期化され、履歴やパスワードも復元できない。下記の通り、「iPhoneのバックアップを暗号化」を有効にした上で、パソコンと接続してiTunesでバックアップを取っておけば、パソコンのHDD容量が許す限り完全なバックアップを作成できるので、初期化前に実行してiTunesから復元することをおすすめする。

なお、初期化しても直らない深刻なトラブルは、本体が故障している可能性が高い。「Appleサポート」アプリ（P106で解説）で、サポートに電話して問い合わせるか、アップルストアなどへの持ち込み修理を予約しよう。

1 「すべてのコンテンツと設定を消去」をタップ

端末の調子が悪い時は、一度初期化してしまおう。まず、「設定」→「一般」→「リセット」を開き、「すべてのコンテンツと設定を消去」をタップする。

2 iCloudバックアップを作成して消去

消去前にiCloudバックアップを勧められるので、「バックアップしてから消去」をタップ。これで、最新のiCloudバックアップを作成した上で端末を初期化できる。

3 iCloudバックアップから復元する

初期化した端末の初期設定を進め、「Appとデータ」画面で「iCloudバックアップから復元」をタップ。最後に作成したiCloudバックアップデータを選択して復元しよう。

4 端末内のファイルも復元したい場合は

端末内に保存された写真やビデオ、音楽ファイルなども含めて復元したい場合は、iTunesでバックアップを作成しよう。下の囲みの通り暗号化しておけば、各種IDやパスワードも復元可能になる。iPhoneをiTunesと接続して、「このコンピューター」と「iPhoneのバックアップを暗号化」にチェックし、パスワードを設定しよう。iTunesで暗号化バックアップ作成が開始される。

5 iTunesバックアップから復元する

初期化した端末の初期設定を進め、「Appとデータ」画面で「MacまたはPCから復元」をタップ。iTunesに接続し作成したバックアップから復元する。

6 バックアップ時の環境に復元される

バックアップから復元すると、バックアップ作成時のアプリなどがすべて再インストールされる。iTunesバックアップで復元した場合は、端末内の写真なども復元される。

---

iPhoneのバックアップを暗号化しておこう

iTunesで作成した暗号化バックアップから復元すれば、各種IDやメールアカウントなど認証情報を引き継ぐほか、LINEのトーク履歴なども復元できる（LINEアプリ内でiCloudにトーク履歴を保存していなくても復元可能）。

iPhoneをパソコンに接続し、iTunesで「このコンピュータ」「iPhoneのバックアップを暗号化」にチェック。

パスワードの設定が求められるので、好きなパスワードを入力して「パスワードを設定」をクリック。復元時に入力が必要となるので、忘れないものを設定しておくこと。

バックアップが開始される。自動で開始されない場合は、「今すぐバックアップ」をクリックすれば手動でバックアップできる。端末のデータ容量によっては、バックアップ終了までにかなり時間がかかるので注意。

破損などの解決できない
トラブルに遭遇したら

（解決策）「Appleサポート」アプリを
使ってトラブルを解決しよう

　どうしても解決できないトラブルに見舞われたら、「Appleサポート」アプリを利用しよう。Apple IDでサインインし、端末と症状を選択すると、主なトラブルの解決方法が提示される。さらに、電話サポートに問い合わせしたり、アップルストアなどへの持ち込み修理を予約することも可能だ。

Apple サポート

作者／Apple
価格／無料

Apple IDでサインインしたら、下部メニューの「サポート」画面を開き、トラブルが発生した端末と、その症状を選んでタップしよう

アップルストアへの持ち込み修理予約やサポートへの電話問い合わせの他、さまざまなトラブル解決法も確認できる

アップデートしたアプリが
うまく動作しない

（解決策）一度削除して
再インストールしてみよう

　自動更新されたアプリがうまく起動しなかったり強制終了する場合は、そのアプリを削除して、改めて再インストールしてみよう。これで動作が正常に戻ることが多い。一度購入したアプリは、購入時と同じApple IDでサインインしていれば、App Storeから無料で再インストールできる。

動作がおかしいアプリは、ホーム画面でアプリアイコンをロングタップ（メニューが表示された場合もタップし続ける）、左上の「×」をタップして一度削除する

App Storeで、削除したアプリを検索して再インストールしよう。一度購入したアプリは、インストールボタンがiCloudボタンになり、これをタップすれば無料で再インストールできる

Lightningケーブルが
破損・断線してしまった

（解決策）Apple MFi認証済みの
高耐久性ケーブルを使おう

　Apple純正のLightningケーブルは、高価な割に耐久性が低く、特にコネクタ根元の皮膜が破損しやすいのが難点だ。そこで、もっと頑丈な他社製のLightningに買い換えよう。高耐久性がウリのケーブルはいくつかあるが、Appleに互換性を保証されたApple MFi認証済みケーブルを選ぶこと。

**PowerLine II USB-C &
ライトニング ケーブル**
メーカー／Anker
実勢価格／1,599円
12,000回の折り曲げにも耐える、Apple MFi認証済みのUSB-C - Lightningケーブル。iPhone 11シリーズ以外の場合は、USB-Aタイプの USB - Lightningケーブルを購入しよう。

Apple純正のLightningケーブルは皮膜が弱く、特にコネクタ根本部分が破損しやすい。保証期間内であれば無償交換できることも覚えておこう

写真や動画をパソコンに
バックアップ

（解決策）ドラッグ＆ドロップで
簡単にコピーできる

　iCloudの容量は無料版だと5GBまで。iPhoneで撮影した写真やビデオをすべて保存するのは無理があるので、パソコンがあるなら、iPhone内の写真・ビデオは手動でバックアップしておきたい。iTunesなどを使わなくても、ドラッグ＆ドロップで簡単にパソコンへコピーできる。

iPhoneとパソコンを初めてケーブル接続すると、iPhoneの画面に「このコンピュータを信頼しますか？」と表示されるので、「信頼」をタップ。iPhoneが外付けデバイスとして認識される。

選択してパソコンのフォルダにドラッグ＆ドロップ

iPhoneの画面ロックを解除すると、「Internal Storage」→「DCIM」フォルダにアクセスできる。「100APPLE」フォルダなどに、iPhoneで撮影した写真やビデオが保存されているので、ドラッグ＆ドロップでパソコンにコピーしよう。

Appleの保証期間を
確認、延長したい

 解決策 AppleCare+ for iPhoneで
2年まで延長可能

　すべてのiPhoneには、購入後1年間のハードウェア保証と90日間の無償電話サポートが付く。自分のiPhoneの残り保証期間は「設定」→「一般」→「情報」→「限定保証」かAppleのサイトで確認しよう。保証期間を延長したいなら、有料の「AppleCare+ for iPhone」に加入すれば、ハードウェア保証／電話サポートとも2年まで延長される。

「設定」→「一般」→「情報」→「限定保証」で保証期間を確認。また、「設定」の「一般」→「情報」でシリアル番号をコピーし、https://checkcoverage.apple.com/jp/ja/でシリアル番号を入力しても確認できる

有料の「AppleCare+ for iPhone」に加入すれば、ハードウェア保証と電話サポートの期間を2年に延長できる。iPhone本体だけでなく、付属品にも延長保証が適用される

電波が圏外から
なかなか復帰しない時は

 解決策 機内モードをオンオフするとすぐに電波の検出が開始される

　地下などの圏外から通信可能な場所に戻ったのに、なかなか電波がつながらない時は、一度機内モードをオンにし、すぐオフにしてみよう。機内モードを有効→無効に切り替えることで、接続可能な電波をキャッチしに行くので、通信可能な場所で実行すれば電波が回復するはずだ。

コントロールセンターを開き、機内モードをタップしてオンにし、もう一度タップしてオフに戻そう

機内モードをオフにすると、すぐに接続可能な電波をキャッチし通信が可能になる

空き容量が足りなくなった
ときの対処法

 解決策 「iPhoneストレージ」で提案される対処法を実行しよう

　iPhoneの空き容量が少ないなら、「設定」→「一般」→「iPhoneストレージ」を開こう。アプリや写真などの使用割合をカラーバーで視覚的に確認できるほか、空き容量を増やすための方法が提示され、簡単に不要なデータを削除できる。使用頻度の低いアプリを書類とデータを残しつつ削除する「非使用のAppを取り除く」、ゴミ箱内の写真を完全に削除する「"最近削除した項目"アルバム」、サイズの大きいビデオを確認して削除できる「自分のビデオを再検討」などを実行すれば、空き容量を効率よく増やすことができる。また、動画配信アプリの不要なダウンロードデータなどもチェックし、削除しよう。

1 非使用のアプリを
自動的に削除する

この画面に表示されない場合は、「設定」→「iTunes StoreとApp Store」→「非使用のAppを取り除く」をオンにする

タップすると、使っていないアプリは削除されるが、アプリ内の書類とデータは残る。アプリを再インストールするとデータは元に戻る

「設定」→「一般」→「iPhoneストレージ」→「非使用のAppを取り除く」の「有効にする」をタップ。iPhoneの空き容量が少ない時に、使っていないアプリを書類とデータを残したまま削除する。

2 最近削除した項目から
写真やビデオを完全削除

タップして削除。写真アプリの「アルバム」→「最近削除した項目」から削除してもよい

「iPhoneストレージ」画面下部のアプリ一覧から「写真」をタップ。「"最近削除した項目"アルバム」の「削除」で、端末内に残ったままになっている削除済み写真やビデオを完全に削除できる。

3 サイズの大きい不要な
ビデオを削除する

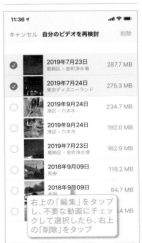

右上の「編集」をタップし、不要な動画にチェックして選択したら、右上の「削除」をタップ

「iPhoneストレージ」画面下部のアプリ一覧から「写真」をタップ。「自分のビデオを再検討」をタップすると、端末内のビデオがサイズの大きい順に表示されるので、不要なものを消そう。

Apple IDのID（アドレス）や
パスワードを変更したい

解決策　設定から簡単に
　　　　変更できる

　App StoreやiTunes Store、iCloudなどで利用するApple IDのID（メールアドレス）やパスワードは、「設定」の一番上のApple IDから変更できる。IDのアドレスを変更したい場合は、「名前、電話番号、メール」をタップ。続けて「編集」をタップして現在のアドレスを削除後、新しいアドレスを設定する。ただし、Apple IDの末尾が@icloud.com、@me.com、@mac.comの場合は変更できない。パスワードの変更は、「パスワードとセキュリティ」画面で行う。「パスワードの変更」をタップし、本体のパスコードを入力後、新規のパスワードを設定できる。

1 Apple IDの
　設定画面を開く

「設定」の一番上のApple IDをタップしよう。続けて登録情報を変更したい項目をタップする。

2 Apple IDの
　アドレスを変更する

IDのアドレスを変更するには、「名前、電話番号、メール」をタップし、続けて「編集」をタップ。現在のアドレスを削除後、新しいアドレスを設定する。

3 Apple IDの
　パスワードを変更

「パスワードとセキュリティ」で「パスワードの変更」をタップし、本体のパスワードを入力後、新規のパスワードを設定することができる。

誤って「信頼しない」を
タップした時の対処法

解決策　位置情報とプライバシーを
　　　　リセットしよう

　iPhoneをパソコンなどに初めて接続すると、「このコンピュータを信頼しますか？」と表示され、「信頼」をタップすることでアクセスを許可する。この時、誤って「信頼しない」をタップした場合は、「位置情報とプライバシーをリセット」を実行すれば警告画面を再表示できる。

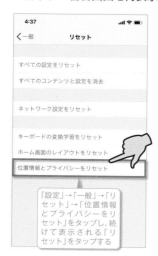

「設定」→「一般」→「リセット」→「位置情報とプライバシーをリセット」をタップし、続けて表示される「リセット」をタップする

パソコンなどとケーブルで接続すると、「このコンピュータを信頼しますか？」の警告が再表示されるようになるので、「信頼」をタップしよう

誤って登録された
予測変換を削除したい

解決策　キーボードの変換学習を
　　　　一度リセットしよう

　タイプミスなどの単語を学習してしまい、変換候補として表示されるようになったら、「一般」→「リセット」→「キーボードの変換学習をリセット」を実行して、一度学習内容をリセットしよう。ただし、削除したい変換候補以外もすべて消えてしまうので要注意。

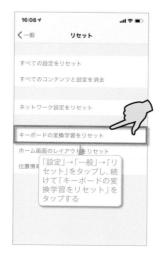

「設定」→「一般」→「リセット」をタップし、続けて「キーボードの変換学習をリセット」をタップする

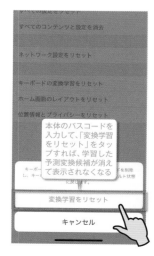

本体のパスコードを入力して、「変換学習をリセット」をタップすれば、学習した予測変換候補が消えて表示されなくなる

SECTION
4

トラブル
解決
総まとめ